超级自控力的8项修炼

木 子◎著

国家一级出版社 中国纺织出版社 全国百佳图书出版单位

内 容 提 要

自控力，就是对个人自身控制的能力，包括对个人情感、欲望、情绪等多方面的控制。一个人如果在这些方面失控，轻者，会让自己变得堕落不堪、让亲朋敬而远之；重者，将会因为一时的失控造成终身的悔恨，甚至引发牢狱之灾。一个人的自控力有多么重要，相信很多人都有切身体会。自控力不仅体现了一个人的情商水平、交际能力，更在家庭和事业中起到决定性的作用。

本书前2章详细解释了什么是自控力，后8章详细解释了在8个领域自控力的8项修炼方式，让读者能够在认识自控力的前提下，学会如何控制自己的情绪，真正做到修炼自己、战胜自身、超越自我，最终成为自己的的主人，抵达成功的彼岸。

图书在版编目（CIP）数据

超级自控力的8项修炼／木子著.--北京：中国纺织出版社，2018. 3

ISBN 978-7-5180-4429-0

Ⅰ.①超… Ⅱ.①木… Ⅲ.①自我控制-通俗读物 Ⅳ.①B842.6-49

中国版本图书馆CIP数据核字（2017）第313336号

策划编辑：郝珊珊　　　　责任印制：储志伟

中国纺织出版社出版发行

地址：北京市朝阳区百子湾东里A407号楼　邮政编码：100124

销售电话：010－67004422　传真：010－87155801

http：//www.c-textilep.com

E-mail：faxing@c-textilep.com

中国纺织出版社天猫旗舰店

官方微博http：//weibo.com/2119887771

三河市宏盛印务有限公司印刷　各地新华书店经销

2018年3月第1版第1次印刷

开本：710×1000　1/16　印张：15.5

字数：165千字　定价：39.80元

前言

陀思妥耶夫斯基曾说过一句名言："倘若你想征服全世界，你就得征服自己。"我一直很欣赏这句话。这句话告诉我们，当一个人无法控制和征服自己，又谈何控制和征服世界。我国古代也有同样的一句话——一屋不扫，何以扫天下。若把一个人的自身比作一座房屋，连自身这座房屋都无法做到整洁、靓丽，让它看起来光彩夺目，又谈何出去扫好天下呢？

由此可见，无论古今中外，人们对如何管理自己一直是十分看重的。而要管理自己，首先需要强大的自控力。自控力，就是对个人自身控制的能力，包括对个人情感、欲望、情绪等多方面的控制。一个人如果在这些方面失控，轻者，会让自己变得堕落不堪、让亲朋敬而远之；重者，将会因为一时的失控造成终身的悔恨，甚至引发牢狱之灾。

一个人的自控力有多么重要，相信很多人都有切身体会。自控力不仅体现了一个人的情商水平、交际能力，更在家庭和事业中起着决定性的作用。我们每个人都回想一下，你是否曾因为一时的冲动而讽刺、挖苦朋友，之后感到后悔莫及；你是否曾因为对工作的不断抱怨和满腹牢骚而被领导逐渐疏远；你是否曾在家中和自己的爱人争执不下、互不相让而闹得矛盾重重……

这些大多都是因为自控力太差，一时无法控制自身情绪而造成的后果。当发生以上这些事情时，如果你能够冷静地对待，有意识地控制自己的思想、约束自身的行为，是否就会是另一种局面呢？

自控力的作用除了体现在上述所说的情绪方面外，更体现在对诱惑的态度当中。当今社会发展迅速，快节奏的生活让每一个人都承受着巨大的压力，大多数人开始浮躁，不再想着脚踏实地，而是想着如何能够一夜暴富、如何能够走捷径快速名利双收。在这种情况下，社会中越来越多的诱惑应运而生，许多人在诱惑中逐渐迷失，甚至逐渐堕落。面对如此多的诱惑，面对如此多的“捷径”，培养自控力就显得至关重要。一个人只有拥有了良好的自控力，才能够更加合理有效地管理自己、管理人生。

详细述说了这么多自控力的好处，那么，该如何提升自身的自控力，如何更加有效地控制和管理自己呢？本书就为各位读者详细地揭示了自控力的秘密，前两章详细解释了什么是自控力，后8章详细解释了在8个领域自控力的8项修炼方式，通过理论加案例的方式，为每一位读者深入浅出地展示了自控力的强大力量。相信本书会对读者起到一定的帮助，让读者更加了解自控力，通过培养自控力，克服自己、战胜自身、超越自我，最终成为自己的主人，抵达成功的彼岸。

目录

Contents

上篇　自控力的真面目

中篇 自控力修炼手册

下篇 做自控达人，过幸福生活

上　篇

自控力的真面目

Part 1 生活中，如何发现自控力

若是内心强大，就能控制好自己的命运

有些人在面对突发事件时，总是能够做到处变不惊、运筹帷幄，这种强大的气场令人折服。他们之所以会给人这样的感觉，完全来自他们个人的控制感。试想一下，你在做一件十分有把握的事情时，你的内心是怎样的感受？必定是信心满满、不慌不惊，即使出现一些让你意想不到的状况，你也能有条不紊地处理，因为你心里有数，有控制的能力，能够控制事情的发展及走向，当然也就没有了所谓的无助及绝望。这就是控制感带给你的能力和气场。

那些内心强大的人都有很强的控制感，即便在面对压力和打击的时候，他们也能够掌握好自己的命运，将一切打理得井井有条。

这里有这样一则小故事可以说明这个道理。

一头小象从小就被拴在一个小木桩上。刚开始，小象一直想要挣脱拴它的木桩，它努力了一次又一次，却发现不管自己怎么努力都无法挣脱，最后，它放弃了努力。它认为自己是无法挣断绳索的。之后，小象长大了，挣脱小木桩对它庞大的身躯来说根本不值一提。然而，大象一直都被拴在木桩上。这是因为，大象过去无数次的失败经验已经让它的内心失去了控制感。

一位研究者来到一所疗养院，做了这样一个实验：他将新来的老人随机分成了两组，一组授予自己控制的权利，而另一组没有授予这种权利。

对于授予自己控制权利的这一组，研究者把他们安排到了一个小屋子，然后对老人们说，养老院将会给予他们最好的生活条件，但是他们的生活依然要自己来负责，一些生活上的决定他们必须自己做出。他们需要做出决定的内容包括房间布置的样式、电影要在何时放映、听什么样的音乐等。最后，研究者给予这一组老人每人一株小植物或者一只小动物，并要求这些老人照顾它们。

对于另外没有授予这种权利的一组，研究者也给予了这些老人同样的生活待遇，但他告诉这些老人的是：只要在这里安心养老就好，其他什么事情都不用操心，一切大小事务都由养老院来安排。同样，他最后也给了每个老人一株小植物或者一只小动物，不同的是，他告诉这些老人，这些植物及动物是供他们欣赏的，不需要他们来照料，由护士帮他们来照料。也就是说，他们不需要做任何事情。

一年之后，实验结果表明，授予自由控制权的这一组的老人生活得更加快乐积极，并且能够和他人有很好的沟通，死亡率只占15%；相反，没有授予这种控制权的老人则郁郁寡欢，精神状态明显不如从前，而且死亡率达到了35%。

其实，案例中所讲到的自由控制的权利就是一种控制感，有控制感的老人懂得安排自己的生活，他们将命运掌握在自己的手里，于是他们能够主动去选择喜欢的生活方式，从而增强了内心的动力，让内心有了追求和希望。在日渐强大的内心中，他们也逐渐找到了生活的乐趣。反之，没有控制感的人，将会对生活产生一种厌倦感，久而久之，内心就会变得软弱而没有方向感。

真正影响一个人的控制感的，是能否主动掌握自己的命运，是在面对压力时的感受和处理方式。

一个人的控制感越强，他的内心就会越自信，这种自信会让他有勇气和力量去面对生活的挫折和打击，令他的气场逐渐强大。控制感越强，解决事情的能力就越强，这样的人会充满激情地生活。反之，控制感弱的人，生活中总是弥散着无助和绝望，他们会怀疑自己的办事能力，觉得上天不公平。其实，这不过是他们内心不够强大的表现。

那么，如何增强控制感?

1.主动调整自己的情绪

控制感强的人往往拥有平稳的情绪。很多时候，一个人的情绪往往反映了他的生活态度和生活状态。生活中难免会遇到压力，学会用积极的情绪去面对问题会让内心变得强大。一个时刻保持乐观积极情绪的人天生拥有一种特别的感染力，这种感染力在社交场合中往往能够出奇制胜，赢得他人的瞩目。

2.主动独立解决问题

一个能够独立解决问题的人必然有一个强大的内心，这基于他对自己的信任。控制感强的人，必然能够在面对一件事情的时候做出自己的判断，并能够尽自己的能力去解决问题。所以，当生活中遇到一些问题的时候，我们不应该回避，而是应该尝试想办法去解决问题。

当问题被解决的时候，你的内心也会获得极大的满足感。当你将解决问题当成一种习惯的时候，你的气场就显现出来了。

其实，我们也可以把控制感理解成为一种骨气、一种控制力、一种斗志。比如两个接受同样磨难的人，一个人自认倒霉，认为没有可能去战胜这种困难，找不到战胜这种困难的方法，因此他会受尽这种磨难的折磨，也许是一辈子；而另一个人在与磨难做斗争的过程中找到了战胜困难的方法，因此他每次遇到这种磨难的时候都能够很快地解决，能够控制这种磨难的腐蚀。结果是显而易见的，后者的意志、自信心、积极性肯定要比前者的强很多。

一个人的控制感就好比这个例子，公司要精简人力，有的员工开始自暴自弃，而那些内心坚定的员工则相信自己是优秀的，是不会被替代的，他们反而比以往更加卖力地工作。

这就是个人控制感的差别，控制感弱的人容易对生活失望，而控制感强的人则能坦然面对人生的每一次冲击，主动掌握自己的命运。

想要明白自控力，先要知道你为何会失控

大部分人都能意识到自控力的重要性，并给自我控制的内容设定一个界限。比如说，想要减肥的人会限定自己每天摄入的热量；想认真工作的人，会给自己设定一定的工作量；希望在赛场上获胜的运动员，会不断地暗示自己要沉着冷静……虽然我们不断地想要控制好自己，让自己尽可能地表现出色，可意外总是频繁发生，使我们的计划不得不一再搁置。导致行为失控的原因有很多，比如说，诱惑太多而放弃坚持；或者状态不好不能自已；或者压力过大，突破了自控力的极限……

彼得·赫尔曼博士曾做过一个十分有趣的实验——奶昔实验，这个实验能够很好地解释这一问题。彼得博士邀请了一些正在节食和没有节食的人做被试，他让被试在实验前的几小时内禁食，以确保他们在实验进行前处于一种“饥饿状态”。

实验时，实验者将被试分为三组，每一组都有正在节食的和未节食的被试成员。他给第一组被试每人一小杯奶昔，以暂缓被试的饥饿感；给第二组被试满满两大杯奶昔，让他们觉得已经差不多吃饱了；而对第三组被试，则不给任何食物。

一段时间后，实验者将所有被试带到一个小隔间。隔间里放着一些薄饼和曲奇饼干，还有一张评价表。实验者告诉被试，因为想知道对各种零食口味的看法，所以请他们帮忙品尝食物，并让他们想吃多少就吃多少，如果不

够，还可以找实验者要。实际上，实验者的真实目的是想知道不同的被试在吃下不同数量的食物后，吃下薄饼和曲奇的数量是否存在差别。

结果，实验者发现，喝下两杯奶昔的非节食者只是咬了一下薄饼，便迅速填写了评价表；喝了一小杯奶昔的非节食者相对吃了多一些薄饼，才开始填写评价表；什么都没吃，仍然饿着的非节食者则在评分过程中吃了很多薄饼和曲奇饼干。这个结果与实验者的预期是一致的。

不过，正在节食的被试的表现有些出乎实验者的预料。他们当中喝了两杯奶昔的被试比什么都没吃的那组被试吃了更多的薄饼和曲奇饼干。实验者猜测导致这种结果的原因，可能在于节食者心中对每日的摄入热量有一个界限，当他们认为今天摄入的热量已经超过设定的量时，就会认为今天的减肥行动失败，只能从明天开始控制食量，所以，他们对今天的饮食控制力开始减弱，因而在接下来的品尝过程中吃下了更多的食物。

为了证实这种猜测和设想，实验者又安排了一次实验。实验者同样让所有节食和不节食的被试在实验前禁食，使他们都处于一种饥饿的状态。

实验时，实验者分别给两种被试中的一部分足够的食物，这些食物的热量已经超过了节食者每日给自己限定的量。然后，实验者再给所有被试端上三明治，每块三明治都被切成了四小块。当被试停吃三明治时，实验者问每个被试吃了多少块三明治。

结果正如设想的那样，大部分被试都能正确地回答实验者的问题，而那些之前吃过食物的节食者的回答则大部分都不对，要么多数了所吃三明治的数量，要么就是少数了。实验者认为，这说明吃过食物的节食者已经放松了自我控制，他们已经不再介意三明治所带来的负面影响了。

从这个实验可以看出，大部分人在破“界”后的反应，是放松对自己的控制，放纵自己的欲望，甚至可以说是破罐子破摔，而不是对此设法进行补救。比如说，有的人发现中午吃得过多了，一般不会想着晚上要少吃一点，而是认为“反正今天已经超标了，不如借机好好地美餐一顿，明天再减肥”；有的人发现上午的工作量没完成，不是在下午时加倍努力工作，将上午没有完成的任务完成，而下意识地告诉自己：“反正完不成，不如好好放松一下，听听音乐，聊聊天，逛逛网店，明天再去完成好了。”

其实，这是一种失控后的逃避心理。结果是，短暂的放纵反而造成了更大的心理压力。减肥的人饱餐一顿之后告诫自己“明天一定要少吃一点”，忙里偷闲的人告诉自己“明天一定要加倍努力”，这样在无形中就给自己增加了不少心理压力。如果到了明天，又因为同样的原因而宣告失败，这种压力会更大。这样，压力一天天地累积，人们会感觉到越来越不快乐，对自己的自控力也越来越没信心，最终，减肥的人减不了肥，上班族总是抱怨工作任务太多，压力太大，工作老是完不成……

所以，为了预防类似的局面出现在自己身上，我们就要时刻保持警惕，不要轻易破“界”，以免因一时的行为失控而深陷各种烦恼之中。

不知如何掌控时间，怎么控制得了人生

许多人忙来忙去，最终只是穷忙，他们只知道埋怨自己命运不好，没有一个好家庭、一份好工作，甚至感到生活真累。他们不知道怎样掌控时间、怎样安排和利用时间，又如何能够掌控自己的人生呢？这样的人往往把自己的生活过得越来越不如意。

“唉！工作又没完成”“唉哟！我怎么又忘了健身”“我真后悔，一辈子竟一事无成”，日常生活中我们总能听到这些人的叹息声。真想对他们说：为什么不事先设计好自己的时间呢？

我听我一个做生意的朋友讲过一个故事，故事的主角是他在一个公司当副总的朋友。这个副总叫陈志飞，在公司待很久了，一步步爬到副总的位置，但依然行为散漫、对时间没概念。一天，陈志飞走进办公室，看到桌子上一摞摞报表，感到非常头疼，但迫于工作压力，只好静下心来，翻看每一张，当看到一半的时候，秘书走进了他的办公室，说：“副总，一位客商要求见您一面。”他不在意地说：“让他先在客厅等一会儿，我马上就过去。”

当他用大约一杯茶的工夫翻阅完这些报表，走进客厅时，那位客商正迫不急待地在客厅里徘徊。他满脸堆笑地对客商说：“对不起！我工作太忙，让您久等了。”

客商听到他这句话后，说：“如果你实在没有时间，不如我们改天再谈吧！”于是那位客商走出了客厅。

眼看着到手的肥肉，怎么会一下子就失去了呢？陈志飞一时感到迷茫。

第二天，董事长找陈志飞谈话，说："公司决定撤你的职，并辞退你，因为你不适合本公司的业务发展要求。"

陈志飞着急地说："怎么回事？我为了公司可没少卖命，怎么你一句话就把一个高级职员给辞了呢？"

董事长见他仍然执迷不悟，气急败坏地吼道："你这笨蛋，你把我1000万的生意给搅黄了，你知道吗？"

陈志飞终于明白其中道理，原来是自己的一句话惹恼了客商。他想起了初来这家公司的时候，在公司的员工须知专栏里有这样一段话："时间至关重要，凡是本公司员工一律应遵守时间，任何人不能无故迟到或早退；要按时完成任务；要做好时间安排，哪怕是最小的细节也必须在日程安排中列出来并付诸实施。"

陈志飞并不是很忙，而是没有设计好自己的时间，结果不仅被上司给辞退了，也给自己带来了痛苦和烦恼。陈志飞的一句话惹恼了客商，可想而知，设计时间是多么重要。

人们总觉得被戴在手腕上的那个小玩意控制自己没什么必要，便可以浪费时间，更准确地说就是混时间，到头来一事无成，甚至对时间恨得要命、烦得要命。有些人则善于设计自己的时间，他们守时、准时、省时。他们总是先做好自己的时间规划，然后再行动，这样就不会在实现目标的过程中浪费时间，从而尽快地提高了实现奋斗目标的效益。

你也许没有意识到，但你一直在这样做，也就是说，你在设计着你的每一分钟或者每一小时，也可能是每一天。当你睁开惺忪的睡眼，首先需要的是看一下墙上的闹钟，你要用时间去衡量自己的一切。比如，漱口用5分钟，洗脸用10分钟，吃早点用20分钟，赶往学校用1小时。因为你怕迟到被老师罚站，所以你必须设计好时间。这只是一天中的一小部分。

巴西就是一个不设计时间的国家，巴西戴手表的人比美国更少，而且即使戴了表，表也不太准。

一个叫史蒂芬的人跟巴西一家飞机制造公司签约，因为巴西的私家车很少，他只好坐公交车前往。史蒂芬不了解巴西人的习惯，他提前了15分钟，可是巴士司机把车丢在半路，自己不知去向。这下可把史蒂芬急坏了，因为飞机制造公司的总裁要乘飞机去印度考察，前天吃饭时他已经跟史蒂芬约好，让史蒂芬在9点前赶到，否则这桩1亿多美元的生意就谈不成了。

史蒂芬几次想下车去找那个巴士司机，可又不知司机的去向，只好坐在车上等着。大约20分钟后，巴士司机才慢慢悠悠地出现，边走边吃着最后一口三明治，他向乘客说了一句“谢谢大家等我”，才开车上路。等史蒂芬赶到那家公司时，公司里的人说老板没有等到他，就赶飞机去了，说等回来再说！

等史蒂芬一个星期后来到这家公司时，公司总裁早已跟别的公司签了约。史蒂芬实在感到无奈和愤慨。

读完这个故事，你是否觉得设计时间非常重要？所以，不管你多忙，赶快设计自己的时间吧！你可以随心所欲地浪费时间，也可以不去设计时间，但你无法不面对故事中那些不重视设计时间所带来的严重后果。

要想掌控自己的人生，如果不设计时间，只是盲目地去追求自己的目标，你最终也许会走到一片“沼泽地”，让你终身难以走出令人望而生畏的没有前途的窘境。

控制自己的思想，培养一个良好的习惯

一个好习惯的养成不是一朝一夕的事情，而是一个反复演习、潜移默化、日积月累的过程。当你自控力不够强大时，若要培养良好的习惯，最好的办法就是从最容易的事情开始做起。当你做出了一些微不足道的行动后，渐渐地，你的自信心、自控感和胜任感就会不断加强，你就能做出更大的行动了。

实践是获得自控力最根本的途径，也只有依靠惯性和反复的自控训练，我们的神经才有可能得到完全的控制。从反复努力和反复训练意志的角度而言，自控力的培养在很大程度上就是一种习惯的形成。

杰克·霍吉在《习惯的力量》中记录了自己如何从一个大懒虫变成了一个长跑爱好者。

“我是一位长跑爱好者，每天早上我都会做五公里慢跑。不论严寒酷暑、刮风下雨，我的晨跑总是坚持着。其实开始时，情况并不如此。我曾经十分厌恶早起，每天早晨我都赖在被窝里为早起做着激烈的思想斗争。我总是使出吃奶的劲头，才勉强把自己从被窝里拽出来。真的，你也许会有同感，早上在床上的每一分钟都是如此让人珍惜，很多次我都迷迷糊糊地打上几个盹儿。我也同样不喜欢跑步，尤其是长跑，我觉得它既艰苦又乏味，还会让人腰酸背痛。因此，一大早起床跑步，对我来说无异于天方夜谭。那么，我，这个最不可能坚持下去的懒虫，究竟是如何转变成今天的长跑爱好者的呢？

“答案还是要追溯到我的祖父那番改变了我一生的教诲。祖父告诉我说，为了成为一位‘行动者’，一定要做到自控，否则，将永远不能发挥出自己最大的潜力。

“祖父引用他最喜欢的名人马克·吐温的一句话，来解释如何做到克己自控：‘关键在于每天去做一点自己心里并不愿意做的事情，这样，你便不会为那些真正需要你完成的义务而感到痛苦，这就是养成自觉习惯的黄金定律。’祖父把这叫作‘磨炼法则’，并鼓励我说，只要我能够坚持一个月，我一定能把自己改造成行动者。我听从了祖父的建议，并选定了晨跑这件对身体有好处，但对我来说是那么艰苦的差事，开始亲身实践祖父的‘磨炼法则’。

“这可真是名副其实的苦差事呀。虽然我知道长跑益处多多，但我仍然讨厌它。我的身体状况很差劲，从家门口到35米开外的信箱，往返一趟就让我气喘吁吁了。我确实需要某种有助于提高心肺功能的运动，可我一定不会选择长跑。于是，长跑便成了一件不折不扣的、我每天都必须做的不感兴趣的事情。

“我很长时间没有什么转变，只能得到腰酸背痛的奖励，我跑不了几步便气喘吁吁，上气不接下气。我不由得对自己的克己自控的目标感到渺茫。但唯一让我牢记心中的是，我必须强迫自己坚持一个月！我做到了，一些意想不到的事情也开始发生了。

“跑步逐渐变得轻松起来，起床也变得不再那么艰难了，跑步这份苦差事似乎不再那么恐怖了，尽管早起仍然有点儿困难，但似乎可以克服。一切都变得越来越容易、越来越自然，直到我竟然不自觉地渴望晨跑！

“每天的晨跑成为自然而然的习惯，成了我的日常行为的一个部分，我也不用强迫自己了。这时，我才开始真正感觉到，原来清晨长跑是一种享受。”

可以像杰克·霍吉那样选择一种苦差事帮助自己培养高度的自控力。苦事并不仅仅限于跑步，你可以选择游泳、跳舞、骑车、瑜伽等有氧体育运动，也可以坚持阅读、写作、绘画、刺绣等相对安静的活动。

人的自控力是在学习、工作、生活中的千千万万件小事中培养和锻炼起来的。做任何小事时注意训练意志力，会使人变得更加坚强。不要以为培养好习惯一定要有特殊的条件和不平常的际遇。许多微不足道的小事都会影响一个人习惯的形成。比如早晨是按时起床，还是在被窝里再磨蹭一会儿，对自己的自控力就是一个小小的考验。积小成大，如果我们在诸如此类的小事上也不放过对自控力的锻炼，那么一旦遇到大事，我们就能表现出坚强的自控力来。

自控力强大之人，往往源于每日的自省

为何人们都会佩服君子的为人，对他们很敬重？是因为君子待人接物的

风度和自身的修养。国外把这种人叫绅士。而君子良好的修养和翩翩风度都是因为他们自身拥有强大的自控力。他们可以控制自身的情绪，可以控制自己的言语，让每一个和他们接触的人都感到舒服，至少不会让人难堪，因此，他们才会成为人们尊敬之人。那么，他们的修养和风度又如何能在高速发展的社会中永不落后呢？那是因为他们懂得自省。

君子每天进行广泛的学习并且自省，在行为上不会出现过错。荀子就提出，要想智慧明达、行为没有过错，就要不停地、广泛地学习，而且每天要省察自己。孔子说："见贤思齐焉，见不贤而内自省也。"曾子说："吾日三省吾身：为人谋而不忠乎？与朋友交而不信乎？传不习乎？"孔孟"自我反省"的理念始终贯穿于他们的为人处世和道德学问修养之中，他们也因此而成就了一世英名，被后人尊崇为圣人，成为后人效仿的典范和学习的楷模。

曾国藩就是一个非常懂得自省的人。身居高位之人都想有个完美的结局，然而往往事与愿违，那怎样才能保证自己有一个好收场呢？曾国藩用他的亲身实践总结出了三个防止居官之败的药方。

曾国藩说："越是往高位走，就越有可能失败，而惨败的结局就会越多，因为'高处不胜寒'啊！那如何才能防止失败的出现呢？最佳方法就是每升迁一次，就要用更加谨慎的心理去对待各种事情。"他还借用烈马驾车绳索已朽来作为例证。

曾国藩说："身居高位的规律，大约有三端，一是不参与，就像是自己没有丝毫的交涉；二是没有结局，古人所说的'一天比一天谨慎，唯恐高位不长久'，身居高位、行走危险之地，而能够善终的人太少了；三是不胜任，唯恐自己不能胜任。《周易·鼎》上说：‘鼎折断足，鼎中的食物便倾倒出来，这种情形很可怕。’这里讲的就是不胜其任。”曾国藩还进一步阐述：一国之君将生杀予夺大权授予督抚将帅，就好比东家把银钱货物给了店中的诸位伙计。如果保举太滥，对国君所授予的名器不甚爱惜，就好比低价出售、浪费财物，对东家的货财不甚爱惜一样。曾国藩还进一步说：“偷人家的钱财，还说成是盗；何况是贪天之功，以为是自己的力量。”他认为利用职权的便利为自己牟取利益，就是违背了不干预之道，是注定要自食恶果的。如果一个人在一件事情上想贪，则有可能事事都想贪；一时想贪，则可能会时时都想贪一点，最终陷自己于不利之地。

或许正因为自身的谨小慎微，曾国藩才能做到虽身居高位，也时时有如临深渊、如履薄冰之感，到了大功告成之日，更是觉得如蹈危局，最终使他该得到的也得到了。

现实生活中，那些事业有成的人大多是懂得经常自我反省的人，他们从反省中发现自己的不足，从而清楚自己如何才能更好地行事，反省让他们收获了更多更好的东西。

人生旅途中，我们总会遇到这样或那样的岔路，虽然这些岔路景色迷人，但千万不要忘了给自己的内心留一只眼睛。时刻反省自己，这样我们才能看清自己的灵魂，给自己准确的定位，走合适的路。前途坎坷，风雨凄迷，留一点警醒给自己，就是留一盏明灯给自己。时刻反省自己，我们才不会偏离人生的轨道。

苏轼被贬黄州，但他并没有被贬谪的失意、难言的孤独压垮，他极其诚恳地自我剖析，无情地剥除自己身上每一点异己的成分，深刻反省自己——

深刻的反省过后，他找到了往日空灵的那个自己，终于形成了他大江东去的豪放。

孔子、荀子、曾子、苏轼都能够反省自己，无论荣辱成败，他们都能够深刻地反省自己，让心变得空灵。正是这种自我剖析，在他们心中仿佛像一盏明灯一样，让他们在暗夜中不会迷失方向。世事沧桑，兴亡更替，翻开历史的长卷，不知有多少人因为留了一只眼睛给自己而功成名就，因时刻反省自己而备受后人敬仰。

我们要结合自身的学习和生活实践“日参省乎己”。卡莱尔说“任何一本书的影响莫过于使读者开始做内心的反省”。我们读书学习的目的是为了让自己的思想得到升华，进而建立起自己的思想，而“不假思考地滥读或无休止地读书，所读过的东西无法刻骨铭心，其大部分终将消失殆尽”（叔本华语），正所谓“学而不思则罔，思而不学则殆”。富兰克林说“读书是易事，思索是难事，但两者缺一，便全无用处”。所言极是啊！

然而，在滚滚的历史长河中，有多少人因为没有给自己留一只自省的眼睛，迷失在鲜花、掌声、荣誉和失败中；又因没有及时进行自我反省，自己的人生方向没有得以及时调整，进而让自己走向了衰亡。

Part 2 自控力，往往与意志力紧密相连

多给自己一些心理暗示，增强你的潜意识

积极的自我暗示可以增强自信，而强大的气场则让人的心理暗示增强可信度。

第二次世界大战时期，纳粹曾在集中营里做过一个惨无人道的实验。把犯人绑在椅子上，蒙住他的眼睛，用刀子在他手腕上划一下。只需要擦破一点皮，让他感觉到疼痛。然后在旁边模拟出水滴落下的声音。几小时后，犯人竟然死了。验尸官验尸后得出的结论是——死于失血。

不只是纳粹，在20世纪之后，心理学家们曾用无数实验和文字论述，证明了潜意识的强大。从此，这个学术结论被广泛运用于成功学，几乎每一位里程碑式的成功学大师，都会在他们的教程里长篇累牍地讲授“自我暗示”的重要。

心理暗示的效力甚至蔓延到了临床医学，在西方，很多病人被诊断出得了绝症之后，医生只将诊断告知病人的一位家属，然后让病人以及其他家属蒙在鼓里，只告诉他们病人得的病不重。

然后，医生让绝症患者生存在一个没人认为他身患绝症的环境里，再辅以积极治疗，没多久，病人的病症竟然奇迹般地消失了。

被誉为现代短篇小说之父的欧·亨利，曾写过著名的微型小说《最后一片叶子》，内容梗概是这样的：

一个叫琼西的女孩在学画的过程中得了肺炎。她躺在旅馆的床上，忽然注意到窗外常春藤上的最后一片叶子，从此便认定这片叶子是她生命的象征，叶子一落，她就要死了。

有一天晚上，暴风骤雨突然来临，她想那片叶子一定保不住了，于是哭得很伤心。但是，她第二天拉开窗户一看，那片叶子依然如故。于是，她十分高兴，病也暂时有所好转。

其实那片叶子本来已经被吹落。她看到的那片叶子是一位老画家为她画在墙上的。

当一个人相信自己能做到某件事的时候，他就能做到——这不仅仅是一句口号。在医学上，无数人靠着这个信念战胜了病魔。

在生活或事业中，我们也要尝试这样去做，告诉自己没有战胜不了的困难。只有这样，你的道路才会走得越来越顺利、越来越光明。

在加拿大安大略省一个有些落魄的家庭里，有一个名叫吉姆的小男孩。吉姆学习成绩一般，唯一拿得出手的技能就是扮出各种夸张的表情。

后来，吉姆长大了，他决定去美国做演员。他给自己定的目标是1000万美元的片酬。于是他找到一张空白支票，在上面写：支付给吉姆1000万美元。

吉姆就这样开始了他的演艺事业，每天起床，他都拿出这张空白支票看一眼。终于，在1995年年底，吉姆接到了一个2000万美元片酬的合同。他的梦想终于实现了。

吉姆不是别人，正是主演了《变相怪杰》《冒牌天神》等电影的美国喜剧天王——吉姆·凯瑞。

吉姆·凯瑞的故事为我们塑造了一个心理暗示带来成功的典型范例。事实也是如此，当一个人遇到困难时，若只知道自怨自艾、妄自菲薄，认为自己不行，那么他就真的不行了。而像吉姆·凯瑞这样，拼命地暗示自己能坚持下去，就真的能战胜困难。

毛泽东思想里有句话，“战术上重视敌人，战略上藐视敌人”，说的就是这个意思。这是告诉我们，我们要在细节和技术上做到完美，但无论面对多强大的敌人，都要抱着必胜的心态去战斗。

这就是心理暗示的强大力量，潜意识的主导其实来自心理暗示。一个人若拥有强大的自信，那么他潜意识的自我暗示一定很强；反之，则会被潜意识控制，常常堕入消极，难以自拔。

再艰难的困境，都不会以意志为转移

困境当头，有的人抱有信心，并采取行动突破困境，有的人畏缩不前，对前景忧心忡忡。那么到最后，哪一种人能屹立时代潮头，成为众人瞩目的焦点呢？答案当然是前一种人。

有这样一句话，努力了不一定成功，但不努力一定不成功。其实，面对困境的态度，同样是考验我们是否肯努力、是否在努力。

智者告诉我们："人可以通过改变自己的心态去改变自己的人生。"换句话说，我们有什么样的心态，就会有什么样的生活方式，就会有什么样的心情。只有拥有好的心态，才会有好的心情，有了好的心情，才会用心做好身边的每一件事。

那么，什么叫好心态呢？简单说来，就是正确认识人生、认识自己。要知道，生活是不可能按照我们的意愿去进行的。生活有时候往往和我们所向往和理想的事情背道而驰，但这就是生活。所以，好的心态就应该是不以自己为生活的坐标，接受现实，改变自己，只有这样，我们才能享受生活，感受幸福。

我的一个妹妹，从4年前毕业后，来到一家规模较大的地产公司工作。4年的时间里，她从最开始的业务员做到了现在的业务经理，每个季度的业绩都是全公司的前三名。

由于出色的表现，她深得老板的器重，同事们有难办的客户也都习惯求助于她，手下的员工们也尊重她，这使她的人气很高。

在她看来，这个季度的区域经理人选非她莫属了。她所在的公司人事升迁制度是内部升迁，按业绩排名和综合成绩择优挑选。也就是说，她现在的级别是业务经理，如果顺利的话，按照她的业绩，这个季度她就可以升任区域经理。

自从升迁的消息传出来之后，她就感觉同事们都在有意奉承甚至是巴结她，她自己为此也有些得意扬扬，毕竟还不到30岁，如果能做到区域经理，在这家公司还是破天荒的事。

很快，人事部让她去领取业绩考核单，并且让她核实了自己的个人资料。看来，马上就要宣布任职通知了，想到这里，她不禁高兴得心花怒放。

可是，让她乃至所有人没想到的是，升任区域经理的居然是另一个人，大家都不明白为什么她会落选。得到这个消息后，她的情绪开始急转直下，强烈的挫败感让她觉得难以在这家公司再工作下去。我虽然安慰和开导了她很久，但效果甚微。

看我的这个妹妹在工作方面是个很优秀的女子，可就因为习惯了这种优秀，让她难以接受出乎意料的挫败。

可是，我们再想想，生活中这样的事不是很多见吗？很多事看上去是理所当然的，是必然的，于是人们就理直气壮地去主观判断、下结论，然后按照自己主观的想法去行事。这样做的结果往往是到最后出现出乎意料的情形，事情没有按照自己的认识、意愿和判断去发展，甚至是朝着完全相反的方向发展了。这时候，大多数人都无法坦然接受这样的事实甚至是打击，于是就影响了自己原本积极的心理状态。

其实，在现实生活中是没有所谓的“想当然”的事情的，每个人的人生都有很多的路要走，但不管你走的是哪一条路径，困难、艰苦与其他意想不到的局面都可能会出现，都不会以我们的意志为转移。

因此，我们不能对生活下定什么结论，不能把自己置于一个注定、安稳的想象的环境下，更重要的是也不必动辄改道或临阵脱逃，唯有坚持下去，才能建立起坚强的信心，获得最后的胜利。假如在一件事情上我们已经付出了很多努力，那么即使遇到困境，即使暂时的结果和我们的想象和期待大相径庭，我们也不应轻易放弃，也要坦然面对。只有这样，我们才不会前功尽弃，才不会在黎明前的黑暗中倒下。

难以战胜，不等于不可战胜

爱迪生说过：“要战胜厄运，首先要战胜自己的软弱。”很多人不能从厄运中走出来，原因之一就是不能够战胜自己的软弱。其实何止是在遭遇厄运的时候，在任何情况下，我们需要做的都是要战胜自己。人的一生之中，最难的事情其实也就是这一件。这不由让我们想起一个故事。

从前有一个人，他觉得自己的力气是最大的，所以到处找人挑战。有时候他还会把寺庙里的一尊大佛扛下来放到街上，让来往的车辆过不去，直到车主向他求饶，说他确实力大无穷，他才会哈哈大笑着把佛像从路中间移走。

突然有一天，来了一个外乡人。他刚到这个地方就听到人们议论这个大力士。外乡人觉得，你力气大固然好，也可以适当夸耀一下，谁让你力气这么大呢？大家也承认这一点。但是，仗着你的力气大而不断地给周围的百姓制造麻烦就不对了。外乡人力气也很大，所以他决定羞辱这个人一下，让这个人以后不敢再这样猖狂。

大力士接受了外乡人的挑战，于是两个人在这方圆百里中最繁华的市镇摆了擂台。来观战的人实在是太多了，人山人海，摩肩接踵。他们虽然都希望外乡人能赢，但知道大力士也不是好惹的，所以有的人也暗暗在心里替这个挑战的外乡人捏一把汗：如果挑战失败，还不知道大力士会怎么教训他。

比赛开始，大力士举起了两个铜质的大鼎，一手一个，每个鼎至少有500斤重。大力士举着两只鼎在擂台上走了一圈，重新把它们放回原处。虽然他流了一些汗，呼吸也稍微有些急促，但是体力很快就恢复了。果然足够勇猛！

而外乡人却将两只铜鼎摞在一起，单手就举了起来。刚一举起来，台下就传来人们的一片惊呼。不光如此，外乡人先将两只鼎用左手举，随即换到右手，并且在擂台上边换手边走，足足走了有五圈！

胜负已定，那个大力士输了。大力士不甘心，可是自己的力气明显没有这个外乡人大。他急得不知道该说什么了，最后竟然冒出一句：“有能耐你把你自己给举起来！”

是的，这个外乡人力气再大，也不能把自己给举起来。

本来，故事里的这个输了比赛的大力士是在强词夺理，但是如果细细琢磨这句话，也颇值得玩味——无论一个人有多么强大，他最难战胜的还是自己。

但难以战胜不等于不可战胜。所以，真正能战胜自己的人，就成了古往今来最成功的人。而另外一个人，正因为无法战胜自己，所以不能够成为一个真正的强者。

战胜自己，就要和自己的缺点做斗争。每个人都有自己的缺点，关键是能不能认清它们并通过努力加以改正。比如有的人比较懒，那就要让自己学得勤快一点，可能正因为改变了这一点，就受到了老板的赏识，从而被提拔，又是表扬又是加薪。再比如有的人比较软弱，那就要锻炼自己的毅力，让自己变得刚强，从而在再次遇到困难的时候不会打退堂鼓。可能就是因为这一次没有退缩，就在勇往直前的拼搏中得到了属于自己的一片天地。

面对艰难困苦的时候，我们更应该战胜自己。

与其抱怨上天不公，还不如自己咬紧牙关不懈奋斗。因为就算你抱怨上天一百次，你的命运也不会因此而好一点，只有切实的努力才能改变自己的命运。谁也不是天生就运气好，人们眼中衣着光鲜、腰缠万贯的人，之前很可能就是一个穷小子。我们不能只看到别人的幸福而忽略掉他为了这一天曾经吃过多少苦、受过多少累。

总想着不劳而获不能取得成功，只有通过奋斗才能够获得成功。即便是有机会不经过自己的努力而得到了一些东西，也是不长久的，说不定哪一天这些东西就会失去。只有通过自己的付出得到的果实，才不会轻易地从你手上溜走。

老子说过："胜人者有力，自胜者强。"没错，能战胜别人的人只能算是有力量的人，而只有连自己都能够战胜的人，才算是真正的人中强者。

总之，要战胜自己，就要战胜自己所有的缺点。不管是自己正处在困顿当中，还是正在经历挫折和失败，都不应该灰心丧气。面对所有的不如意，要让自己保持一个沉稳冷静的心态。只有这样，才能够从容面对人生中的各种不尽如人意的未知。否则，就会因为失败而一蹶不振，而忘掉失败是每个人在生活中都要不断经历的。有的人会放任自己的萎靡，从而放弃积极的人生。只有战胜自己，才能够拥有积极的心态，才能够在困苦之中始终保持昂扬的斗志，才能从自己经历的每一次黑暗中看到光明，从每一次损害中看到机遇。

没有挫折的磨炼，意志如何能够坚强起来

挫折往往是创造成功的大师，同时也能很好地磨炼我们的意志。那些战胜挫折的人在和挫折做斗争的过程中，会让自己的人格更加完善，让自己面对困境和解决复杂问题的能力得到提升，同时让自己在经历了暴风雨的洗礼

之后闪耀着夺目的光彩，拥有一般人所没有的强大气场。

如果我们拒绝失败，那就等于拒绝了成功。如果我们总是害怕失败，却想让自己拥有不怕失败的态度，那就应该记住这句话：“如果你问一个善于溜冰的人如何获得成功，他会告诉你：跌倒了，爬起来，便会成功。”面临挫折，没有必要退缩，要拿出自己的勇气去战胜它，一旦我们取得了成功，我们的意志和人格会让我们的气场更上一层楼。

我们用什么态度去面对生活，生活也将用什么样的态度给我们回馈。法国著名作家巴尔扎克说过：“世界上没有绝对的事，苦难对于智者是垫脚石，对于强者是一笔财富，对于弱者却是万丈深渊。”这说明了态度的力量是巨大的，水能载舟亦能覆舟，态度对于我们的人生也是同样的道理。消极的态度会产生阻力，让我们的人生变得灰暗，积极的态度能生成动力，让我们的事业走向辉煌。

其实态度就是一种信仰，一切皆有可能，只要我们不向命运低头，那么命运就会掌握在我们手中。每个人总会有一些无所适从甚至举步维艰的迷茫岁月，那些取得成就、有所建树的人没有谁不是从逆境中走出来的，从这个层面而言，我们可以认为：态度决定了我们未来的生活状况。

卡耐基说过这样一句话：“山谷的最低点正是山峰的起点，许多走进山谷的人之所以走不出来，正是他们停住双脚，蹲在山谷里烦恼哭泣的缘故。”从这句话中我们可以看出，其实处在什么起点、什么高度和什么地方都不是重点，最重要的问题是我们应该尽快地看到自己的方向，确定下一步该往哪里走。

不要让自卑主宰我们的生活，要做一个乐观自信的人。就算失败也没关系，不要沮丧，也不要气馁，我们依然要尽快找到自己前进的方向。

只有当我们敢于直面生活中的挫折和不公平，不躲避，也不放弃，拿出自己的信心和行动，努力做出改变，那么，这个努力拼搏的过程就是我们完善自己人格的过程，同时也是体现和提升自己积极气场的过程。

行走在大漠中的旅行者迷失了方向。这时，他带的水和干粮也都消耗殆尽。当他翻遍身上所有的口袋后，找到了一个青苹果。“哇，我竟然还有一个苹果！”旅行者是那样惊喜。

于是他把那只苹果紧握在手中，开始继续在沙漠中寻找出路。干渴、饥饿、疲乏时时刻刻都会向他下达战书，每当这时候他都会看一看手中的苹果，舔一舔干裂的嘴唇，于是就会产生一股动力。

过了一天、两天、三天……终于在第四天的时候，他看到了村落，原来自己已经走出了荒漠。这个时候，他那干裂的嘴唇上已经出现了好几道裂口，可是他依然没有咬过一口苹果，还是把它像宝贝似的一直紧攥在手里。

这个故事的确让我们感到很惊叹，一个看上去如此不起眼的青苹果，竟然会让人产生如此巨大的力量！

的确不错，信念的力量就能创造这样的奇迹！它之所以伟大，就伟大在当面对不幸的时候，它也能唤起我们的生活勇气；当我们身处逆境的时候，它也能帮助我们扬帆起航。信念，是我们心中一团永不熄灭的火焰；信念，是追求成功的内在驱动力。

人的一生中会出现很多问题，我们都能找到解决问题的方法，可是所有的方法归结到一起，那就是成功的信念和欲望。我们不可能总是青云直上，不可能事事都称心如意。虽然有的人身体可能先天不足或后天患病，可是他依然能成为生活的强者，依然能创造出正常人都很难创造出的奇迹，他凭借的就是信念。这种坚持到底的信念也会让一个人树立起钢铁般的心理长城。

遇到挫折，不是我们畏惧和回避的时候，而正是我们勇敢去正视并打垮它的时候。我们在挫折面前越懦弱，结果就越会让我们失望，这样我们将必败无疑。只有拿出毫不畏惧的勇气，才能提升我们的能力，改变我们的人生。

每天告诉自己，我是如此的重要

内心脆弱，总觉得自己没有做出惊世之举的能力，从心底认为自己是个凡夫俗子，但这些其实并不能左右你的人生。要知道，每一个生命来之不易，我们要珍惜与热爱自己的生命，还要承载自己的责任、接受与付出爱。

在父母面前，我们就是被疼爱的对象；在爱人面前，我们就是风雨同舟、相互扶持的典范；在子女面前，我们就是他们的保护伞；在朋友面前，我们就是推心置腹的对象；对事业而言，我们是其独具匠心的一分子……

面对这么多无法拒绝的理由，我们没有权利和资格说自己不重要，而应该有勇气告诉自己——“我很重要”。通过这种心灵暗示，引导自己敏感的内心，让其变得强大。任何时候都不要看轻自己。

只要不将自己看轻，通过这样的暗示引导自己走向强大，你就不会被别人小看，这样的你也就离成功不远了。是的，“我很重要”，经常如此暗示自己，如此安慰敏感的内心，很多时候你的人生会由此揭开新的一页，绽放出美丽的光彩。

受第二次世界大战的影响，战后日本的经济严重衰退，失业人员数目庞大。一家玩具生产公司濒临倒闭，为了减少成本支出，经理决定裁掉“不重要”的人，3种人名列其中：清洁工、司机、无任何技术的保安人员。随后，经理把这些人叫到办公室，找他们谈话，说明了自己裁员的意图。

“经理，您不能辞退我们，我们很重要！”清洁工第一个站出来反驳道，“是的，我们很重要。如果缺少了我们清洁工，工作环境根本就谈不上健康有序，在糟糕的环境下工作，员工们怎么可能会百分之百全心付出呢？”

“经理，您也不能辞退我们，我们也很重要！”司机也站出来说道，“我们生产的产品大部分是要销往外地市场的，没有我们司机去运输产品，公司也就失去了市场，还怎么发展呢？您说是吧？”

“他们都很重要，但我们也很重要，您也不能辞退我们。”保安人员挺直了身板，一字一句地说，“我们很重要，战争刚刚过去，许多人流落街头，如果没有我们，这些产品岂不是要被流浪街头的乞丐偷光！”

经理觉得他们言之有理，经过再三考虑，决定重新制定管理策略，不再裁员。后来，他们厂子的门口就出现了这样一块牌匾：“我很重要！”只要一进厂子第一眼看到的便是这4个字，因此不管一线员工还是白领阶层，工作起来都非常卖命，一年后这家工厂走出困境，成为日本有名的公司之一，员工们也大获其利。

你是不是有过类似的经历：比如，你和一群人经过促销柜台，促销员给了每一位顾客试用商品，唯独你“落单”了；你工作认真勤奋，不怕苦、不怕累，但总得不到重视，加薪、升职的事情总也落不到自己身上？

遇到这样的情况时，敏感的人或多或少会感觉自己被忽视、被忽略，甚至被轻视，于是会自问：“凭什么？当我不存在吗？”为什么别人会视你如空气呢？换而言之是因为你的存在感不强。

存在感是什么？简单地说，存在就是一种感觉，即无论我们走到哪里，身处怎样的场合，都希望得到他人的关注，得到很好的肯定和表扬，使自己感觉被重视，从而获得一种心理上的满足。人们内心的失落往往是因为缺少了存在感而引起的。

为什么有些人会没有存在感呢？这是因为，我们从小受到的教育都是“我不重要”，忽视了个体尊严和个体价值，内心力量不够强大，在潜意识中总是习惯看轻自己，如此别人自然也会看轻我们。

因此，我们应该在内心深处树立“我很重要”这种自信心，以此让自己的存在感变得强大。

的确，一个人的存在感强不强、内心力量够不够，其本身是要负很大责任的。你的责任不能让别人来替你扛，只有独立才能让你闯出属于自己的一片天地，这并不是什么无稽之谈，只要付出努力就可以实现。

试想，当你经过促销柜台，不妨告诉自己“我很重要”，主动地和促销员请求试用商品时，她肯定不会再忽略你；如果你真的工作认真勤奋，又能将工作做得非常出色时，你可以肯定自己的价值，如此存在感增强了，内心也就会变得强大，用自身的力量给对方带来强烈的震撼。

把“我很重要”这句话在心里反复述说，这就是一种自我肯定、自我激励的心理暗示……如此，一个敏感的人的内心力量可以得到进一步释放，调动自身的积极性，使自己的行为充满力量。凡是获得成功的人，大多心中有着“我很重要”的强烈信念。

俗话说“红花也得绿叶衬”，这就表明了绿叶的重要性；皓月当空，没有繁星的陪衬也就少了一份美丽，所以繁星也很重要；有了鸟儿们的啼叫，森林才显得更有活力，于是鸟儿也说：“我很重要。”

最后，让我们一起聆听当代作家毕淑敏的心灵呐喊——《我很重要》。

我很重要，我对于我的工作、我的事业是不可或缺的主宰，我独出心裁的创意像鸽群一般在天空翱翔，只有我才捉得住它们的羽毛；我的设想像珍珠一样散落在海滩上，等待着我把它们用金线拴起；我的意志向前延伸，直到地平线消失的远方……

“我很重要”，我对自己小声说，我还不习惯嘹亮地宣布这一主张。“我很重要”，我重复了一遍，声音放大了一点儿，大声地对世界这样宣布。我听到自己的心脏在这种呼唤中猛烈地跳动，我听到山岳和江海传来回声。

是的，“我很重要”，我们每一个人都应该有勇气这样说，我们的地位可能很卑微，我们的身份可能很渺小，但这丝毫不意味着我们不重要。重要并不是伟大的同义词，它是心灵对生命的允诺。

……

除了你自己，没有人能够否定你

现实中，我们习惯了在别人注视的目光下生活，也慢慢喜欢用一些华丽的包装去粉饰自己，以迎合别人的看法。当能力、成绩得到周遭的鲜花、掌声和无数的赞美声时，我们才有种被肯定的感觉。然而一旦自身价值受到众人的质疑和鄙视，在“嘘”声漫天飞的口水中，我们便对自己彻底失去信心。

“我觉得你完不成这样的任务。”

“你没经验，坚持下去也是徒劳。”

“你的性格不适合从事这个行业。”

“原谅我不能嫁给你，跟了你我看不到未来的希望。”

……

太多的否定从四面八方涌来，犹如电闪雷鸣般，七嘴八舌的议论让我们手足无措。就像参加《非诚勿扰》的男嘉宾受到24位美女“刻薄”的指摘时一样，自我肯定的防线一降再降，甚至也开始怀疑自己的能力和魅力值。当接受了别人否定的“批判”，你会变得异常怯懦、自卑，看到朋友们的风光无限，自叹技不如人，认为自己什么都做不成。

浮华背后的都市生活，让我们不堪重负的心灵已经焦虑不安，所以时常希望从别人赞许和支持的目光中，得到一丝丝的勇气，但是你会发现自己的想法“很傻、很天真”。旁观者大多戴着“有色眼镜”在审视你，所谓“伯乐”更是可遇不可求的，所以真正了解和肯定你的人只有自己，一定要适当地让自己拥有一种“不服输”的倔犟。

许多人总觉得别人拥有的种种幸福是不属于自己的，不能与那些命运好的人相提并论。然而他们不明白，这样的自卑自抑、自我抹杀，将会大大减弱自己的自信心，也同样会大大减少成功的机会。试想，一个连自己都不“挺”自己的人，还奢望别人能给你怎样的肯定和鼓励呢？哈佛大学心理学教授泰勒教授说：“当我们不接纳与生俱来的价值时，我们其实是在渐渐地破坏自己的能力、潜力、喜悦和成就。”

所以，大家应该记住：在这个世界上，除了你自己，没有人可以否定你的价值。

她出生在一个贫穷的山沟，生下来时就只有一只手。她还患有小儿麻痹症，右腿萎缩。在她5岁时父亲病故，娘是一个傻子。

19岁那年，傻娘走失后再无音信。她是靠着村民的捐助才念完高中，但是收到大学的录取通知书后，她选择了放弃，因为高昂的学费已经不是村委会能负担得起。当时很多人都认为，这样的女孩就算大学毕业也找不到合适的工作。

她从小酷爱唱歌，天然没有杂质的声音像铜铃一般悦耳，放羊的时候总会高歌一曲。但是全村的人都在背后议论，身体上有残缺，又没有经过专业的声乐训练，想在音乐上有所发展真是有点“天方夜谭”。然而她并没有因为听到闲言碎语就放弃了唱歌，也没有因此而感到自卑。

当全村人都为她发愁时，她锁了家门，拄着双拐，整整用了三天，走出了山沟。没有一个人相信她能出去工作挣钱，但她毅然决然地走了出去。她在心里告诉自己："我一定能找到工作养活自己。"一路上她不停地叨念着："老天爷把一条命交给我了，我一不能死，二不能伸手要饭！"

在省城，工作并不好找，几天后，她选择了擦皮鞋。她在小区门口擦皮鞋，边擦皮鞋边给光顾的客人们唱歌，每次擦完皮鞋后大家都夸小姑娘声音好，带着愉悦的心情离开。她相信就算自己这辈子不能做歌星，但是能用甜美的声音给别人带来好心情，也实现了自己的价值。

久而久之，她的故事被有心人拍了下来，并在报纸上做了相关报道，于是慕名而来擦皮鞋的人越来越多。直到有一天，一家专业制作手机彩铃下载的网站主动找到了她并愿意跟她签署长期的合作合同，让她用自己的好嗓子录制手机彩玲的音乐和网站的原创广播剧。

从此，女孩凭借自己的好声音找到了一份不错的工作，她的作品也成为网站点击率最高的作品之一。

女孩没有因为周围人异样的眼光和质疑的态度而自暴自弃，就算身体残疾也没有彻底否认自己生存的能力，而是坚定爱好并不断地给自己打气。

很多时候，我们遇到困难就会责怪命运不公，总以为自己的能力有限，于是逃避退缩。其实只要再努力一点点，幸福就在触手可及的地方，成功只需要多一点自信。自信与积极乐观的态度犹如风帆，那是你乘风破浪的必需品，并且能使你披荆斩棘，直达彼岸。

一位哲人说："你的心志就是你的主人。"不要因为别人不信任的眼神而犹豫迟疑，也不要因为别人质疑你的能力和理想而从此萎靡不振。要知道，没有自信与积极乐观的态度，人就会如天空漂浮着的浮云，游移不定，没有光彩。

如果这个世界上还有一个人有资格否认你的价值，这个人就是你自己。如果你真的向自己投降了，那么也就将幸福拱手让出了。我们应该时刻铭记自信者的格言：“我想我能够的，现在不能够，以后一定能够的！”

扩大人生格局，把世界控制在自己手中

阿基米德说：“给我一个支点，我可以撬起地球。”世界上并没有无法控制的东西，我们的意志也一样，它是我们可以主动加强和控制的力量。我们扩大了自己的人生格局，就会逐渐改变自己的意志。一个人的格局越大，他的潜意识能量就越大。

霍英东是香港著名的富豪，他头顶多种光环，爱国实业家、杰出的社会活动家等。他的成功，就是源于他的人生格局。

幼年时，霍英东的家境贫寒，他在7岁之前，连鞋子都没穿过。他所找到的第一份工作，是在渡轮上做加煤工……家境贫寒，是他来到人世之后面临的第一个问题。后来，他靠着母亲的少许积蓄开了一家杂货店。朝鲜战争爆发后，他觉得航运业有很大的发展前景，此后，便开始在商界崭露头角。

1954年，霍英东创办了立信建筑置业公司，他以“先出售后建筑”的理念逐渐成为香港地产界的巨头。后来他的经营领域不断扩大，在建筑、航运、房地产、旅馆、酒楼、石油等方面都有涉及。

在商业上，霍英东如鱼得水，而在如何做人上，他也深得真谛，他曾说过：“做人，关键是要问心无愧，要有本心，不要做伤天害理的事……”当成为富豪之后，霍英东一直没有忘记回报社会。他在内地进行了大量的投资和捐赠，但对于这些，他却自谦为“一滴水”。“我的捐款，其实就像大海里的一滴水，作用是很小的，说不上是贡献，这只是我的一份心意！”只有像他这样拥有人生大格局的人，才能有如此博大的“一份心意”。

人生需要有格局，格局是什么样的，自己的命运就是什么样的。那些大人物的成功，都是由他们的人生格局铸成的。当他们还是小人物的时候，他们就开始为自己规划人生的大格局，霍英东的成功就证明了这个道理。人生的格局有多大，自己的舞台就会有多精彩。要想成功，就要拥有一个大格局。

一个人能够做多大的事情，这是由他的意志决定的。那些以自我为中心、没有远大志向的人，人生格局是很小的，他们即使碰见了重大的机遇，或者具有超常的能力，也很难做出一番骄人的成绩。

台湾著名主持人陈文茜在台湾颇有影响力，她在台湾的政界、商界和媒体界都是响当当的风云人物。她之所以能做到在政坛上叱咤风云，在生活中如鱼得水，就是由于她的人生格局和一般的女人不同。她曾经说过这样一句话：“人生最怕格局小。”在她的身上，体现出了许多女人所没有的宽广视野，也体现出了许多男人所没有的胆识气魄，同时也有很多专家学者所没有的睿智和担当……这些，都来源于她那人生的大格局。

也许，我们曾经为自己的平庸无为感到很苦恼，也许我们曾经总是为别人取得的成就而感到惊叹，其实，这些都没有必要。我们要做的就是反思一下自己，是否具有大格局，比如，当我们被人误会时，能否保持自己的宽宏大量；当我们遭遇不幸时，能否依旧坚强和乐观；当我们面对困难时，能否鼓起勇气去挑战。

倘若我们目前还没有这些大格局，那就要注重培养，这些才是成就强大意志的必备，才是成就人生的必备。

中 篇
自控力修炼手册

Part 3 控制自己，先从控制情绪开始

自己的人生，不要受情绪的控制

你是否有过这样的经历：考试前焦虑不安、坐卧不宁？被老师父母批评后自暴自弃？和朋友争吵后，上街乱逛，并买一堆多余的东西泄愤？

偶尔有这样的情绪不要紧，如果经常这样，你可就得注意了！因为不知不觉中，你已经成了情绪的奴隶，陷入情绪的泥淖而无法自拔。所以，一旦心情不好，你就“不得不”坐立不安、“不得不”旷工、“不得不”乱花钱、“不得不”酗酒滋事。

让我们来学习管理自己的情绪吧。心平气和地对待一切事物，这样，我们的情绪才会保持一种良好的状态。如果我们为别人带来风雨、忧郁、黑暗和悲观，那么，他们也会报之以风雨、忧郁、黑暗和悲观。相反的，如果我们为别人带来欢乐、喜悦、光明和笑声，他们也会报之以欢乐、喜悦、光明

和笑声。如果我们在学会控制自己的情绪的同时，还能体察别人的情绪变化，那么，我们会更容易使自己保持好心情。

每人心中都有一把“快乐的钥匙”，但我们常在不知不觉中将这把钥匙交给别人来掌管。一位销售员抱怨道：“我活得很不快乐，因为我经常碰到糟糕的客户。”这位销售员把快乐的钥匙放到了客户手里。一位职员说：“我的老板很苛刻，我很生气！”这位职员把快乐的钥匙交到了老板手中。而一个成熟的人会自己握住快乐的钥匙，他不期待别人使他快乐，反而能将快乐与幸福带给别人。

弱者任思绪控制行为，强者让行为控制思绪。正如奥格·曼狄诺所说：“学会掌握情绪，做情绪的主人，是人生前行的关键。”

马琴力曾是美国副总统，一天，一个议员带着几个人冲进了他的办公室，对他作的一个决定表示抗议。议员用很难听的话咒骂马琴力，而马琴力表现得异常平静，一点儿也不动怒，耐心地听着他发泄怒气。

等他们一个个说得筋疲力尽后，马琴力才用温和的口气问：“现在你们觉得好些了吗？”然后，马琴力开始向他们解释自己为什么要作那项决定。马琴力平和的态度使那个议员脸红了，他意识到自己的观点的确站不住脚。

如果马琴力在议员粗暴地指责他的时候竭力地解释，那只会导致一场更激烈的争吵。但凡有负面情绪，最根本的原因都是心底感觉不如意。通常能正确处理负面情绪的人，会将不如意的事看作路上的一个小水洼，有时泥水溅在脚上，皱皱眉也就过去了。喜欢愤怒的人则不同，他们的水洼里全是汽油，一点就着，不但烧得自己面目全非，而且定要殃及旁人，让旁人跟着不好过。等到他们冷静下来，发现脾气发得狠了，话说得重了，再去道歉，但人家委屈也受了、气也生了，心里有了裂痕，哪有那么容易弥补？

怒气伤身，发怒会使人血液中的毒素增加，导致皮肤问题，加速大脑衰老，还容易使甲状腺失调，胃、肝、心都会受到影响，至于“气得肺炸”，更说明怒火会让肺换气过度，危害健康。克制怒气不只是为了人际关系的和谐，更是为了自己有一个健康的身体、悠闲的心态，保证生命的质量。

古时候，有位将军动不动就发脾气，他甚至曾在朝堂之上顶撞过皇上，因为他劳苦功高，别人都让他三分，但他的仇敌越来越多，将军也渐渐感到有压力。

这一天，将军走进国内最大的寺院，请那里的高僧给他提意见。一开始，将军的言语里还有些责怪自己的意思，后来，他越说越烦躁，最后他说：“我就这么个脾气，江山易改，禀性难移，要我改？怎么改？”高僧问：“既然天生就有的东西，那拿出来给我看看，如果拿不出来，为什么改不了？”

将军听到这话有些生气，不客气地说：“你们这些高僧都喜欢诡辩！”法师说：“贫僧的话如果是诡辩，那将军的仇敌们对皇上说的也许‘诡’上数倍，到时将军该如何分辨、如何自处？人们说戒急用忍，不是委屈自己，而是为了周全，将军难道不明白这个道理？”

将军并非不明白“戒急用忍”的道理，正是因为明白，他才会进入佛寺。可是，脾气不是说改就能改的，将军想得到的，是更加实用的建议。乱发脾气常常坏大事，给自己招惹不必要的麻烦，但火气上来的时候，常常不知道如何“熄火”。脾气毕竟是一种情绪，还是一种不易压制的激烈情绪。

克制怒气的方法并不难，在你想生气的时候，先攥紧拳头，倒数三秒。

三秒过后，告诉自己：“三秒都忍住了，再忍一下。”忍过三十秒、三分钟，这气也就消了一大半，至少不会以最剧烈的形式发出来。只有耐得住性子，才能保证你做出的判断是理智的，你决定的行为是妥帖的。若任由自己发脾气，得到的只有敌视和仇恨，所以，凡事能忍则忍。

忍耐是一种美德，但无条件、无限制的忍耐则是一种懦弱，有时候甚至会憋坏自己，让心灵变得阴暗。有智慧的人知道什么时候需要发泄，在原则问题上，他们掷地有声；在重大失误面前，他们临阵不乱，对责任人严惩不贷；看到不公事件，他们讨伐指责，更知道及时帮助那些有需要的人。怒气不是不可以发，但要保证这火烧得有根有据，更要知道范围，星火燎原虽然壮观，却可能导致大灾。那些恰当的火光，才能保证自己的明亮，同时让人看到人性的光亮。

扫清不良情绪，以乐观迎接新的天地

国学大师翟鸿燊在一次讲座中这样说：“思考不仅仅是用脑袋，而是用心性来思考。中国传统文化中的这个‘心’，不是指心脏，是心智模式、心性……看到这张脸就知道你的内在，这是很关键的。相由心生，改变内在，才能改变面容。一颗阴暗的心托不起一张灿烂的脸。有爱心必有和气；有和气必有愉色；有愉色也必有婉容。”

这段话实际上是告诉我们，人外在的一切表现都是由人心所生：快乐、悲伤、烦恼、痛苦的表情皆是内心的反应，它不受外界任何因素的制约。对于同样的事物，人的心态不同，其结果也是不同的。

关于此，有这样一则故事可以说明。

从前有一个小和尚，他刚到一个寺庙不久，老和尚分配给他的任务便是每天把寺庙的院落清扫干净。

时值秋季，寺院里有很多落叶，所以，清扫这些落叶便成了一件苦差事，小和尚每天都要花费很多的时间才可以将落叶清扫完毕。但是，每一次秋风过后，落叶便又再次飘舞飞落，小和尚便还需继续打扫，这让他痛苦不已。

其他的和尚给他出主意：“你每天在扫落叶前先用力摇树，把那些将落的叶子晃下来，那清扫一次后，便有阵子不用打扫啦。”小和尚觉得非常有道理，于是按照这个方法实行了，他清晨起了大早，奋力摇树，然后自认为把今明两天的落叶都一次清扫干净了，这让他一整天都心情大好。

谁知第二天，小和尚刚到院子便傻眼了，落叶依旧铺满地。这个时候老和尚走了过来，垂眉低语道：“无论你今天如何用力，明天的落叶依旧会飘落的。”小和尚听了终于顿悟，是啊！世界上很多事情是不能提前的，认真做好当下才是最为真实的人生态度。忽然间，小和尚的内心产生了一种满足和快乐感，他内心所有的苦恼、疲惫、绝望统统消失得无影无踪……小和尚认识到清扫落叶这份苦役蕴涵的哲理，于是他不再抱怨和焦虑。

小和尚先后做的是同样的事情，但是由于心态不同，得到的结果也不同。当他将清扫落叶当作一种苦役时，心中就充满了烦恼、痛苦和绝望；当他将清扫落叶当作一件有意义的事时，心中便充满了满足和快乐，最终也获得了心灵的解脱。

由此可见，任何烦恼和快乐都是由我们的内心决定的。如果我们用悲观的心态看待事物，最终得到的也只是烦恼和痛苦；而当我们用乐观的心态看待事物时，就能够得到快乐和满足。

曾在一本杂志中看到过这样一个故事。

约翰·杰西已经过了不惑之年，他最为在乎和担心的是自己的两个可爱的儿子。他们虽年龄相仿，但是脾气秉性大相径庭。大儿子路易斯生来悲观，总是一副忧心忡忡的样子；二儿子亚德却生来活泼，每天都乐呵呵的。为了让路易斯快乐，约翰平时也对他加倍偏爱。

有一年的圣诞节前夕，约翰·杰西想试试自己的两个孩子，于是便特意给他们准备了完全不同的礼物，在夜里悄悄地挂在了圣诞树上。第二天早晨，哥俩早早地起床，兴致勃勃地跑去看圣诞老人给自己的礼物。

哥哥路易斯接到了很多的礼物，足球、崭新的自行车、气枪、羊皮手套等，可是他一件件取来的时候却越来越不高兴。

于是父亲问道：“怎么？这些礼物你都不喜欢吗？”路易斯便难过地说：“你看这气枪，若是我拿出去玩，说不定会因为打碎了邻居家的玻璃而遭来一通责骂。这自行车虽然漂亮，我骑着出门也会高兴，但若是撞在树干上我受了伤可怎么得了。这羊皮手套虽然好，但是保不准我带着出门就会挂在树枝上，也会增添许多烦恼。足球更不要说了，我总有一天会把它踢爆的，到时候可怎么办啊！”说完竟大哭起来。父亲看到这些，什么都没有说便出去了。

刚一出门，父亲便看到自己的小儿子，拿着自己给他的一个纸包笑个不停。父亲大惑不解，因为纸包里面什么都没有，只有一包马粪，父亲实在不明白小儿子圣诞节收到这一包马粪作为礼物如何能够笑得这么开心。于是父亲问小儿子：“你为什么这么高兴？”他边笑边说：“我的礼物是一包马粪，我想一定有一匹小马驹在我们家里呢。”随后他开始寻找，果然在自己家屋后面找到了一匹小马驹，随后亚德开心得大跳大笑，父亲见此场景，也开心地笑了起来。

快乐或悲伤完全取决于我们的内心，乐观的人无论看到什么都能看到光明的一面，而悲观的人总是抓着黑暗的那面不放，得到什么都不会快乐。快乐源自内心，并非是可以通过外界的一切金钱财物才能得到的；悲观却是自己所酝酿而成，如同苦酒一般，自酿自尝，不能怨周围的一切人和事物。

在生活中，我们内心的忧虑最大的来源并不是外界的“危险信号”，更多的时候是来源于我们内心的一些想法。比如：我们总是担心失业，担心身体的一些疾病，担心意外的事件，等等。我们的内心似乎在潜在地灌输一个想法：“我们必须循序渐进地按照我们内心的想象而生活，要平安且不要有太多麻烦和困难，一旦超出了这个范围，我们便无法接受。”要知道，这样去烦恼，是不能改变任何事实的。

生命匆匆，只是一个过程而已。快乐是一天，悲伤也是一天，与其在烦恼和痛苦中度过，不如快乐、幸福地生活。

快乐或悲伤皆由我们的内心所生。我们要想获得更多的快乐，就应该早一些摒弃内心的烦恼和痛苦，将内心阴郁的情绪打扫干净，迎接新的快乐和幸福的阳光。

控制住自己，要有那么点忍耐力

有一位作家说："其实人与人都很相似，不同就那么一点点。"这一点点，便是忍耐力。一个能够忍耐的人，是一个有足够自我控制力的人，他对自己的雕琢，更胜他人。

每个成功者都明确知道自己想要什么、该做什么和绝对不能做什么。他们深知："在成功的道路上，你没有耐心去等待成功的到来，那么，你只好用一生的耐心去面对失败。"

韦文军在深圳装修装饰行业可不是一个普通人物，他的装饰设计公司在短时间内迅速崛起，他传奇般的发家经历值得我们借鉴。

美术中专毕业后，初到深圳的韦文军在第一次面试时，经受了一连串的打击。

第一次走进装修设计公司老板办公室的韦文军是这样介绍自己的："你好，我叫韦文军，今年才毕业……"还没等他把话说完，老板一挥手："出去！我们公司不要刚毕业的新人！”韦文军当时的心情难过极了，但他还是很克制地说：“虽然我刚毕业，但我还是挺有天分的……”老板马上打断了他的介绍，大声说道：“我们公司的员工个个都有天分，请你马上离开！”

韦文军并没有放弃的意思，马上拿出作品放到了老板的面前。老板看了之后，感觉还行，就对韦文军说：“我们这里的办公都是用电脑操作，你可以吗？”韦文军连连点头：“我会用电脑！”软磨硬泡之下，老板答应给他几天的试用期。没过几天，老板又让韦文军走人，原来老板看出了韦文军只是会些皮毛而已。

让人如此这般看不起，自尊心受到打击，但韦文军依然忍耐着。

他再一次表明自己想学电脑，不要公司任何报酬，只要管吃住就行。最后，老板给了他这样一个条件，那就是让韦文军负责公司卫生间的清洁工作。韦文军接受了。

从此，有一个忙碌的身影穿梭于这家公司。整个上午韦文军都在打扫卫生，中午简单地吃上几口，然后接着清洁厕所。等所有的清洁工作完成后，已经到了下午。剩下的时间，韦文军就是和别人学习电脑操作。下班后，韦文军还要再次打扫一遍，简单吃过晚饭后，就开始阅读书籍和学习上机操作。

后来，韦文军觉得自己还得多多了解建筑知识，于是就产生了去总工程师那里“偷艺”的想法。他发现，这位总工程师每晚动笔之前有一个喝酒的习惯，于是他就用自己不多的积蓄买来各式名酒，还为总工程师带来一些下酒小菜，总工程师终于默许韦文军坐在他的身边。

从那以后，公司正式雇用了韦文军，月薪1000元。工作了一段时间后，韦文军画的3D装修效果图的中标率非常高。经过反复研究，老板还发现韦文军色彩感觉也特别好，就立刻提升韦文军做设计总监，月薪6000元，并不时给韦文军一些大项目去做。

1999年7月，公司得到了“东海庄园”别墅群规划的大单子，韦文军全权负责这个项目。韦文军此时已经非常老练了，他上学时的风景水粉画功底也在这次派上了大用场，两个月的时间，光3D效果图就画了37张。韦文军受到了客户的赞誉，客户很痛快地将款项划到公司账上。

韦文军被老板任命为艺术总监，此时，他已经月薪20000，而且还能得到年终分红奖励。回首往昔，韦文军为自己一年前还在公司刷马桶的境遇感慨万千。

两年之后，韦文军用自己的积蓄成立了自己的装饰公司。

重提过去那段往事，韦文军一笑了之，称刷马桶的经历实属上帝“负面的恩典”，非常难得，他会抱着感恩的心回头看待这段故事。他告诉我们一个成功的秘密——所谓能耐，就是能够忍耐！

人生总是充满了困难和惊喜，就像当初刚刚毕业的韦文军，没有一技之长，三番五次地被人拒绝，但是凭借着自己的忍耐力和冲劲，从刷马桶做起，从不要工资开始，在忍耐中提高自己，使自己成了一名技术精湛的设计师。

人因为有希望才能够好好活着，因为对美好明天的追求才忍受了今天的痛苦，不管生活多么艰难，只要想到未来的日子，只要不放弃希望，我们就有勇气忍耐一切。

很多时候，我们也会遇到像韦文军当初遇到的情况，这就要求我们也要像韦文军那样有一颗忍耐的心，有一颗充满希望的心。当然，并不是每个人都要像他一样从刷马桶做起，但是肯于刷马桶确实是一种追求成功的良好态度和巨大决心。

成功就是这样，要花费很大的代价，要忍耐，要对自己狠一点。

负面情绪像病毒，传播起来害人害己

生活中，每一个人都难免会遇到各种压力：上司不满，下属反戈，升职困难，客户难缠；丈夫（妻子）不解风情，孩子顽皮淘气，婆媳不和……常常让人们感到焦头烂额，不免心中起火。如果工作中积攒的火气在下班之前还不能消除，就会不可避免地把坏情绪的“气象图”带回家里：看到丈夫（老婆）懒散地躺在沙发上看电视，而无视你一脸的疲惫，你会觉得他（她）不够关心你；看到他（她）鞋东一只、西一只地散放着，你边收拾，边觉得委屈……于是，说话带刺，牢骚满腹，一来二去，争吵开始，伤了感情，问题升级，火气越来越大。

我朋友郭女士在一家商场做卖场经理，因为服务周到、细致认真，深受客户们的好评，也为商场赢得了很多回头客。

然而，就是这样一位在工作中无论何时都能对顾客报以亲切、和蔼微笑的人，在6岁女儿的眼里却是个“恶妈妈”。每天一到妈妈下班快到家时，女儿就会问奶奶：“妈妈是不是快回来了？”奶奶一说“是”，她就立刻会嘟囔一句：“不知道妈妈今天高不高兴，大家一定要小心。”

每每这时，奶奶又是心疼，又是无奈。按说郭女士也算是个好儿媳妇，就是脾气不好。奶奶觉得她工作辛苦，在外又要看客人们的“脸色”，所以心里的委屈只能回家发泄，这也很正常，因此自己倒也觉得能理解儿媳；就是觉得小孙女有点可怜，总是小心翼翼的，总怕惹妈妈生气，引起妈妈一顿“数落”。

起初郭女士的想法和奶奶一样，觉得自己回家里发泄一下很正常。但是时间长了，她感觉到家人逐渐对她“敬而远之”，就连宝贝女儿也不敢与她亲近，丈夫更是对她“避而不见”。久而久之，她觉得第二天上班之前还是很难摆脱坏情绪的困扰，而工作中是绝对不能表现出来的，因而她经常觉得气短、胸闷，甚至有些抑郁。

千万不要把坏情绪带回家，这绝对不是危言耸听，长此以往，就会像郭女士一样，不仅自己被坏情绪困扰，就连家人也要跟着担惊受怕，使得整个家庭气氛异常紧张。家是温馨的港湾，一个充满着天伦之乐、团结和睦气氛的家庭会使每个家庭成员精神愉快。相反，如果一回到家里，就感到烦恼、不和谐，这对谁都没有益处。

仔细想想，家人其实是人们最宝贵的财富。如果因为自己在外面遇到了不顺心的事就说些不中听的话，或用动不动发脾气的方式对待家人，这是很不应该的。他们又没有错，为什么要他们成为你的出气筒呢？

当然，有气也要撒，有委屈也要释放，但关键是要掌握好分寸，尽量在进家门之前就把它消化掉。比如下班后，坐在公交车上，独自凝望窗外，看看城市的一景一物、来来往往的人流，想想乖巧可爱的孩子、和蔼可亲的父母和公婆，还有和自己一样辛苦为家而忙碌的丈夫，是不是心里就会升腾起一丝感动？这时，你心里的不快和怨气就会消失，一个人如果总是纠结于坏情绪中，那么看什么都是灰色的，一旦你心里都是快乐、和谐的画面，坏情绪就会被一扫而光。

我姐姐苏顺顺从事的工作虽然很辛苦，但是她从不把坏情绪带回家里。一次，我和她约好一同下班，结果没走几步，自行车胎被扎破了，她只得冒着酷暑推着车，走了很久，她才找到一个修车点。

本来工作就很辛苦，又遇到这样的事情，换谁都会发两句牢骚，但是她没有，在回来的路上她也没有再和我开心地攀谈，我想她肯定是心情不好。等走到家属楼门前时，我看见她径直走向一棵小树，双手擦一擦树叶，然后才进家门。

进门后，她脸上出现了笑容，儿子跑过来抱她，她就把儿子抱起来，又走过去亲切地和婆婆打了招呼。前后如此大的变化，令人难以置信。我问她为什么能做到这一切，她笑着说："我称那棵树为'麻烦树'。我知道白天不可能没有麻烦和困难，但我知道，那些困难不属于我的家庭。所以每天傍晚回家，我会象征性地把问题挂在树上。更神奇的是，第二天早上我出门时，前一晚的问题似乎变少了。"

其实，每一个理智、聪慧的人，都不会让坏心情影响自己，不会让坏心情干扰自己的生活。她们会找出各种办法缓解自己的坏心情。

——进行自我心理治疗，这很重要，体察自己真实的感觉，找出产生坏心情的原因。

——对问题进行冷静的思考和分析，想明白为什么会出现令自己不高兴的事情，分析清楚原因。

——进行自我心理疏导，告诉自己不要用别人的错误来惩罚自己，如果为了别人的错误而生气，那就是在浪费自己的生命。

——进行自我告诫，告诫自己不要生气，告诫自己要心平气和，告诫自己要心情愉快，告诫自己不要伤害自己。

——进行自我宽慰，和爱人看场电影，和朋友吃顿晚餐，或是自己去买一束花……

家人是你最亲密的相伴一生的人，有什么烦恼与他们诉说，做到及时沟通是有必要的，但诉说也要讲究方式方法，不是一味地将他们当作出气筒或是“拳击袋”。

敏感占据情绪，心灵将永无安宁

每个人都有自己的缺点和不足，这是无法避免的事情。但是，有不少人因为自己存在的缺点和不足而感到自卑，一次次拼命地去掩饰和躲避，从而让本来很正常的生活现象变成了心理中比较敏感的地带。“众口铄金，积毁销骨。”很多人的脑海里都会闪现这一句话，他们害怕别人对自己的评价不高，害怕自己成为别人嘲笑的对象。其实，这个世界上，大多数人都是不在意你的，太多的敏感只是你自找其扰，烦恼自卑的心理源自你戴着有色眼镜看世界。

敏感是因为极度不自信，从而走进自卑的心理误区。一个人自卑的特点是感觉自己不如人、低人一等，轻视、怀疑自己的力量和能力，而这正是成大事者最蔑视的！那么如何在成大事的过程中，拒绝自卑心理的纠缠呢？

敏感的另一面是为自己的失败寻找借口，极度的不自信和脆弱的自尊心让一个人不断为自己的失败寻找开脱的理由。长此以往，不仅于事无补，心灵反而会走进一个更加闭塞的领域。寻找借口、解释失败是人类的一个通病，有了人类历史的那一天起，也就有了各式各样在敏感支配下的借口。

20世纪80年代中期，他从一个仅有20多万人口的北方小城市考进北京广播学院。上学的第一天，与他邻桌的女生问他：“你是从哪里来的？”极平常的一句话和一个问题，却成了他当时最大的忌讳。在他的意识里，出生于一个小城市，就代表了土气和小家子气，没有见过大世面，在那些来自大城市的同学面前肯定会抬不起头来。

邻桌女同学普普通通的一句话，让他在一个学期之内像沉默的羔羊一样，见到班里的女生总是躲躲闪闪，连招呼也不敢打。第一个学期结束的时候，同班的女生中，能记起他名字的人寥寥无几。

20年前，她也在北京的一所大学里上学。由于自己的身体有些肥胖，大部分的时间里，她都在疑心和自卑中度过。过于敏感的她会疑心同学们在暗地里嘲笑她，评论她难看的身材。

她从来不敢穿裙子，更不敢上体育课。临近毕业的时候，她的学分还没有修够，不是因为学习不努力，而是因为她害怕参加体育长跑测试。老师说："只要你参加长跑，不管多慢，我都给你及格。"可她还是没有勇气跑。她害怕自己的身体一旦跑起来会显得比较愚笨，同学们肯定会在旁边讥笑她。她想跟老师解释原因，但是自卑让她不知道该如何开口。她只能傻乎乎地跟在老师的后面，没有解释的勇气，茫然不知所措。老师回家做饭的时候，她还傻乎乎地在后面跟着。老师感到很无奈，勉强给了这个小姑娘一个及格的分数。

后来，两个人都进入了中央电视台工作，在一个电视晚会上，她对他说："假如我们在一起上学的话，可能永远不会说话。你会认为，人家是北京的姑娘，怎么会看得上我呢？而我却会想，人家那么一个大帅哥，又怎么会瞧得起我呢？"

他，叫白岩松；她，叫张越。

天下无人不敏感，而成功的人之所以成功，是因为他们能够把敏感转化为前进的动力，不断地鼓励着自己前进。身材弱小的拿破仑当上了法兰西第一帝国的皇帝，下身瘫痪的富兰克林·罗斯福当上了美国的总统，在人类的历史上写下了辉煌的篇章，正是因为他们把敏感转化为了动力。

敏感的情绪可能会时刻伴随着我们，我们无法做到情绪上的波澜不惊，但是，我们可以运用自己的聪明才智，把敏感疏引到一个正确的渠道。控制自己的敏感情绪，这样，就不会让敏感如同泛滥的江河一样淹没我们的心灵，造成无法弥补的后果，也就不会有惨痛的后果发生。

抱怨改变不了生活，看到它美丽和精彩的一面

不知在何处，看到过一句话：读喜欢的书，爱喜欢的人。如此简单，如此美好。像午后窗栏下，慢慢呈现于绣布上的幽兰，两三笔，几片页，甚是简洁，甚是美好。又或像闲坐躺椅，以书盖脸，短短一个盹儿，合着一帘清梦，遨游天地。梦醒，情景已模糊不堪，但也无妨！

我们常常觉得累，痛苦与焦虑甚至抱怨都在不经意间占据了我们的心灵，让我们的负面情绪越积越多，最终难以自拔。其中固然有世事变化无常的原因，但更重要的一个原因是我们走入了一个误区——放大了痛苦与焦虑。很多时候，我们面临不幸，痛苦被放大了，抱怨越来越多，心情也越来越糟糕。

古时候，同村的两个秀才一起赶赴京城参加科举考试，两人在一个小店租了一间屋子同住。就在考试的前一天晚上，这家店被小偷洗劫了。这两个秀才也不例外，他们身上的钱财以及包袱里的衣服都被小偷偷走，他们可谓是一无所有了。

在这种打击面前，两个秀才却有不同的心态。甲秀才想："这也许是上天对我的一次重大考验吧。'天将降大任于斯人也，必先苦其心志。'或许这次我就能考上。"想到这里，他把钱财、衣服被盗的事情都抛到了脑后，然后安心地睡了一觉，第二天精神抖擞地走进考场，结果金榜题名。

乙秀才则是想："这下子全完了，要是这次没有考上，又没有了盘缠，

怎么回家呢？怎么面对父老乡亲呢？”他还不断地抱怨小偷，整晚都想这些事情，第二天心事重重地走进考场，结果名落孙山。

甲秀才之所以能金榜题名，一个重要的原因就是他拥有乐观的心态，这使他能缩小痛苦，放大快乐。相反，乙秀才之所以名落孙山，是因为他心事重重，凭空增加了自己的心理负担，放大了痛苦，自然没能榜上有名。

在上班路上，遇到堵车可能会迟到，这是一件很普通的事情。可是，有的人偏偏进行了无限联想：迟到了不仅会被批评，而且还会被扣奖金，影响到年终考核，甚至影响晋升……根据这个逻辑，可以想象这样的人该有多么痛苦，活得该有多么辛苦。

选择了放大痛苦，那么痛苦就会占据你的视野，你的坏情绪也就会随之放大。在人生路上，背着这么大的痛苦上路，被这么大的坏情绪影响，你的脚步会越来越沉重，路也会越走越窄。

孩子感冒了，焦急的母亲一边守着孩子，一边又焦急地想道：孩子的学习肯定会被耽误，肯定会影响期末成绩，肯定会影响升学，肯定会影响就业……在她看来，一场病就会耽误孩子的一生。这种“破坏性”的联想实在要不得。

卢梭说过：“除了身体的痛苦和良心的责备以外，一切痛苦都是想象出来的。”有时候，那些让人伤心、痛苦、焦虑的事情并非有多么严重，只不过有些人爱瞎琢磨，会想象出很多痛苦。

有一天，一位老妇人不小心将一个鸡蛋打破了。本来一个鸡蛋破了也不是什么大事，可是，这个老妇人却觉得自己受到了不可估量的损失。她想到：如果这个鸡蛋没有破碎，那么可以孵化出一只小鸡。如果孵化出来的是母鸡，那么它长大后又会产下很多蛋。那些蛋又可以孵化出很多小鸡。鸡生蛋，蛋生鸡，这样下去的话，那我岂不是失去了一个养鸡场？最后，老妇人痛苦万分。

这听起来似乎太夸张了，但生活中这样的人偏偏还很不少。他们把原本的小痛苦无限放大，结果自己沉溺其中，不能自拔。

心理学家曾做过一个有趣的实验，目的是研究人们常常忧虑的令人烦恼的问题。心理学家要求实验者在周末晚上将未来一周内所有的忧虑和烦恼都写下来，然后投入一个指定的“烦恼箱”里。三个星期之后，心理学家打开了这个“烦恼箱”，经过核实发现，很多人的“烦恼”并没有出现在生活中。由此看出，烦恼真是人们自己寻来的。

放大痛苦的人爱抱怨，原因就是他们没有认识到痛苦与挫折的客观性。其实，遭受挫折是一件非常平常的事，这本就是生活的一部分。没有挫折，人的生活是不完整的。

放大痛苦的人爱抱怨，因为他们没有找到背后的心理原因。他们不知道是否自己太过追求完美，是否太看重事情的结果，是否太注重他人的评价等。

放大痛苦的人爱抱怨，因为他们没有正视现实的压力。苦恼的产生，常常由于生活中有一些我们不愿面对的现实压力、心理冲突，如婚姻中的矛盾、工作中的压力、人际交往的冲突等。人们由于一时束手无策，所以滋生了抱怨心理。我们要做的是学会正视它们，并及时解决它们。

放大快乐，就是珍惜眼前的每一个小小的快乐。清晨起床，拉开窗帘，看到的是好天气；上下班的时候没有堵车；工作的时候被领导赞扬了一句；

奖金涨了100块……这些都是值得我们快乐的理由，将它们当作很大的快乐对待，我们就能从中获得持久的回味。

一个人的快乐程度，并非是由他拥有多少财富决定的，而是取决于他看待生活的方式。一个悲观的人，即使腰缠万贯也会每日忐忑不安；而一个乐观的人，即使收入有限也能享受生活的乐趣。缩小痛苦，放大快乐，其实这就是我们要选择的生活态度。即便人生有些许遗憾，但它仍会是美丽和精彩的。

不急不躁，从容度过每一天

浮躁是一种不健康的心态，如今已经遍布社会的各个角落，成为现代人的一种通病。人一旦浮躁了，自己内心的各种欲望就会蠢蠢欲动，导致自己很难平静下来，终日处在一种又忙又烦的应急状态中，脾气会变得暴躁，神经会紧绷，于是抱怨不断，最后往往会导致自己被生活的急流所裹挟。浮躁不仅会影响我们生活的品质，也会阻止我们获得幸福和快乐。

很多时候，我们浮躁，就是因为自己的心总静不下来，使我们活得不堪重负的往往是我们自己。保持心灵的宁静不易，我们需要不断地反省，逐渐剔除掉心中不安分的东西，我们只有拭去心灵深处的浮躁，才能得到幸福和快乐。

从前在一个小村庄中有两个人，他们有一个共同点，那就是他们都疑心病重，内心充满嫉妒和猜疑，非常浮躁。所以，他们没有其他朋友，各自是对方唯一的朋友。

他们两个人经常被村里的人嘲笑："如果要他们不猜疑、不嫉妒，除非石头开花呀！"听到别人的嘲笑，他们的心里非常不舒服，于是就决定改变自己，开始自我反省。一个人对另一个人说："像我们这样嫉妒、猜疑别人，实在是不好的习惯，必须想办法改正才行啊。"另一个人同意他的说法，并提议去山里住一段时间，好好地反省反省。他们收拾好东西，向本村德高望重的族长告别。族长为人坦诚、大度又有智慧，听了他们的讲述，对他们说："如果你们真的认识到了做人的道理，能够常常反省自己，这将是非常大的进步。但是如果你们浮躁的心静不下来，那么你们住进山里也是枉然。如果你们的心能静下来，即使在闹市里住也是一样的啊。"两个人听了族长的话，觉得在理，便放弃了进山的打算，依旧住在村子里。过了一段时间，人们发现，他们跟之前不一样了，不再那样猜疑和嫉妒别人了。

俗话说："欲速则不达。"人们无论做人还是做事，都应该一步一步来，踏踏实实地干，才可以开创新的局面。反之，如果让浮躁占据你的思维，那么，你就会失去清醒的头脑，根本无法稳步前进。浮躁是一种不可取的生活态度。浮躁的人在工作上眼高手低、敷衍了事，在学习上一知半解、囫囵吞枣。浮躁只会耽误一个人的前途，拭去浮躁才能专心地做好事情。所以，无论是在学习上还是在工作中，我们都应该遏制浮躁的心态，脚踏实地、循序渐进。正如那句俗语所说的："劝君做事要专心，心安勿躁好成事。"

古时候，有个叫养由基的人，他的箭术非常高明，百步穿杨都不在话下。据说动物们都知道他箭术高明，所以，只要他一出现，动物们都吓得逃跑了。有一次，两只猴子抱着柱子，玩得不亦乐乎，有人张弓搭箭要去射杀它们，但是两只猴子都没有在意，依旧玩闹着，甚至还朝着人们做鬼脸。这时，养由基走过来，接过弓箭，只见猴子们吓得赶紧逃走了。

有一个年轻人非常仰慕养由基的箭术，一心想拜他为师。养由基经不住年轻人的再三请求，于是就收下了这个学生。起初，养由基并没有直接教他射箭，而是交给他一根很细的针，让他放在距离眼睛几尺远的地方，然后整天盯着这根针的针眼看。年轻人按照养由基的要求去做，两三天后，他便忍耐不住了，问养由基："我是来学习箭术的，不是来看针眼的。您什么时候才能真正教我学习射箭呀？"

养由基回答道："你现在所做的事情就是在学习箭术呀！你继续练习吧！"

年轻人又坚持了几天，可是几天后，他再次变得烦躁不安，心想："天天看针眼能看出什么来？我看他就是在敷衍我，他也只是徒有虚名罢了。"

后来，养由基又教他练习臂力的方法，让他伸直手臂，然后在手掌放一块石头，这个动作要坚持一天。年轻人不明白养由基的用意，抱怨道："我是来学习箭术的，为什么让我端石头呢？"他心里非常不痛快，不愿意再练下去了。养由基也看出了他的心思，同时也认为他不是学习箭术的材料，所以就任由他去了。后来，这个年轻人又跟其他老师学习箭术，但是最终也没有什么大的成就。

其实，这个年轻人如果不好高骛远，而能脚踏实地，甘于从点滴做起，那么他最终有可能成为一名射箭高手。但是，他抱着一种急功近利的态度，没有坚持训练，自然学不到精湛的箭术。

不烦不躁，从容生活，这才是人生的最高境界。在现实生活中，当我们遇到困难的时候，切记不要心浮气躁。任何困难都只是我们生活的一部分，如果我们能够认识到这一点，就会明白这些困难根本不能作为阻挡幸福到来的绊脚石。当我们心情不好的时候，就会看什么都觉得不顺眼，做什么事情都不顺手，人在心浮气躁的时候是很难成事的，所以我们一定要拭去自己内心的浮躁，始终保持一个好心情。只有心情好了，人才能神清气爽，做起事情来才能得心应手。只有这样，我们才能成为幸福和自由的人。

情绪积压有害健康，给它一个释放的出口

一个人长期压抑内心的压力和负面情绪，会导致免疫力下降，内脏功能失调，诱发多种疾病，同时，对心理健康也会造成极大的危害，严重时还会出现精神分裂。在20世纪70年代，美国科研机构针对此类问题就发明了一种非药物治疗的心理疗法——宣泄法，鼓励人们通过适当的方式把心中的焦

虑、忧郁和痛苦宣泄出来，从而恢复身心平衡。

宣泄，就是排解释放负面情绪的过程。因一些不堪回首的经历或是沉重的生活压力而长期积攒在内心的郁闷和痛苦，必须通过一定方式进行排解和疏导，否则就会给人的健康和正常生活带来无法估量的危害。在现实生活中，宣泄的方法有很多，只要掌握了一招半式，就能把内心的积郁一扫而光。

不要忽视眼泪的力量。有人说，牙碎了也要咽肚子里。殊不知，这不仅不利于情绪的改善，反而会让负能量在内心越积越多，甚至有人提出，强忍泪水无异于慢性自杀。在面对糟糕的心情时，没有任何一种方法，比让自己痛痛快快哭一场更过瘾、更有效。所有烦恼、忧伤和委屈，都会随着泪水一同倾泻出来。这就像是给心灵做一次排毒SPA，所以不要吝啬你的泪水，也不要羞于直接去表达脆弱的情绪。

荷兰科学家们试验发现，类似《忠犬八公》《美丽人生》这样的悲情电影，对缓解压力和负面情绪很有效。

催人泪下的情节会让每一个观影者流泪不止。短短90分钟之后，人们的情绪状态会有所下降。这可能是电影情节过于悲伤的缘故。但随后不久，他们的情绪就会迅速恢复，并逐渐超过观影之前的水平。

从生理角度来说，人在哭泣时会将一些精神压力产生的毒素排出体外，同时人脑中会产生对提高兴奋度有益的化合物。从心理角度来说，哭泣可以使人的心灵得到慰藉，情绪得到释放。通过与电影中悲伤情节的对比，人们更容易体会到自己现实生活中的美好，更容易产生幸福的感觉。

要善于向身边的人倾诉。很多人不愿意向别人倾诉自己的心情，害怕遭到别人的嘲笑和埋怨。其实，这种担忧大可不必。你的家人和最好的朋友，一定是生活中最关心你的人，在你情绪不佳时，你完全可以找他们倒倒苦水。根据你的倾诉，对方能够有的放矢地给予你宝贵的意见和建议，而且情绪低落的人往往容易走弯路、钻牛角尖，容易辨识不清生活中的真实情况，这时候听听别人的意见就显得非常重要。即便对方不能给予你意见，仅仅是认真地聆听，仅仅是一个微笑的示意，对你来说都是一种莫大的肯定、鼓励和宽慰。当你一吐为快之后就会发现，你的情绪已经恢复了大半。

运动是解压宣泄的最好方式。体育运动一方面可以起到转移注意力的作用，人们通过体力的消耗让自己专注运动本身，从而忘却那些糟糕的心情；另一方面，运动过后会让人产生一种淋漓尽致的解脱感，所有不快都会随着汗水一同流走。

为了证明跑步之类的有氧运动可以减轻心理紧张、情绪倦怠等症状，澳大利亚新英格兰大学的科学家们设计了这样一组比较试验。

他们将被试者分为三组：一组进行有氧方面的训练，第二组进行无氧力量训练，第三组保持静止的状态。在持续一段时间之后，通多对各组被试身体指标的检测发现，前两组被试都不同程度地提升了个人成就感和幸福感，同时降低了知觉压力。特别是进行有氧运动的被试者，他们在降低心理压力和情绪衰竭等方面表现得尤为突出。

这个试验结果表明，跑步等运动方式可以起到释放情绪的作用，对于被生活压力和负面情绪所困扰的人来说，无疑起到了兴奋剂的作用。

当然，宣泄也要注意分寸，决不能做出困扰他人或伤害自己的事情。没有哪一种宣泄方式是最佳的，也没有哪一种情绪是不能宣泄的。只要你根据自身的情况，选择适合自己的方式，就会使内心的积郁得以宣泄，使心灵的重压得以释放。

香港明星刘德华曾唱道："男人哭吧哭吧哭吧不是罪，再强的人也有权利去疲惫。"不管是男人还是女人，在我们疲惫不堪时，在我们焦头烂额时，在心灵越来越无法承受生活之重时，我们要学会用快乐宣泄自己，用智慧疏导自己，让我们的心灵始终保持着幸福的状态。

Part 4 诱惑每天都有，你要学会说“NO”

活得太累，只因为总想和别人比较

每个人在社会中都有自己的角色，都有自己适合干的工作和任务，如果从事不适合的工作，只能让你得不偿失，毫无建树。

很久以前，有一只乌鸦非常羡慕在高空中翱翔的老鹰，很想像老鹰一样来一个漂亮的俯冲，抓住草地上的小羊。于是，乌鸦天天模仿老鹰的动作拼命练习。过了很多天，乌鸦觉得自己已经练得很棒了，就从树上猛地冲下来，扑到一只山羊的背上，想完成老鹰那样完美的动作。但是，由于乌鸦的身子太轻，就落到了山羊的背上，爪子也不小心被山羊身上的毛缠住了，它拼命地拍打翅膀，想要从山羊的背上逃脱，却都失败了。前来赶羊的牧羊人看见了，把乌鸦抓了去。乌鸦不但没能像老鹰那样抓住小羊，反而把自己的性命交到了牧羊人的手里，乌鸦的盲目模仿上演了一场悲剧。

只要有常识的人都知道，俯冲抓羊的动作适合老鹰，却不适合乌鸦。但是，这只可怜的乌鸦以为自己能成为一只像老鹰般的乌鸦，简直荒唐可笑。可是在一笑而过后，你是否有那么几秒钟的顿悟，是不是也在这只乌鸦身上看到了某个时候自己的影子？曾几何时，你是不是也像这只乌鸦一样，因为看到别人的光鲜，就盲目地跟从，而做了一些不适合自己的事呢？

就像人在买鞋买衣服时一样，36码的脚就只能穿36码的鞋，高大的身材不能穿小号的衣服。一定要最适合自己的尺码才最舒适。即使是再昂贵、再精致的东西，如果不适合你，也只能当作摆设，它本身的价值也就得不到体现。

如果一个人总是在将就与勉强中度日，那将是一件多么痛苦的事。如果你选择了不适合自己的路，这就像穿上了不合脚的鞋走路一般，将会异常艰辛，甚至会让自己陷入无法自拔的沼泽。

适合，对我们来说太重要了。在感情中，我们要找到适合的伴侣，这样才有一起营造幸福的激情；事业中，要找到适合的工作，这样才有奋发向上的动力；生活中，要找到适合的人生方向，这样短暂的一生才不会遗憾重重。

很多时候，也许你的适合得不到身边人的理解，甚至会遭到强烈的反对。可是，如果你觉得那是最适合你的，就一定要坚持，因为只有坚持，才能让时间证明你的正确。如果你因为得不到认可就委屈放弃，最后一定不会只是遗憾那么简单。能对自己的人生负责的只有自己，除了自己，没有人会为你的错误选择埋单，连最亲近的人也不能，所以我们在听取别人意见的同时更应该问问自己，这适合我吗？当然，你坚持自己的选择的前提是，这必须是你经过深思熟虑后确定适合自己的。

我有一个哥哥，在政府部门工作了好几年，最后却辞职了，自己开起了小吃店。他放弃令所有人羡慕的公务员工作，不仅让周围的人吃惊不已，更是遭到了我们家里人的强烈反对，他父亲甚至以断绝父子关系相要挟。

哥哥为此很苦恼，他和父亲谈道："我在机关里每天重复同样的工作，拿着固定的工资，生活没有一点激情。我觉得年轻人应该多闯多拼，我希望我能通过创业更快地成长，就算失败也无所谓，毕竟我还很年轻。"就这样，他父亲才勉强同意。经过几年的磨炼，酸甜苦辣都尝尽的他变得比以前更成熟稳重了。看着颇有成就的儿子，他父亲笑了。

很多人都已经认识到，适合自己的才是最好的。不要一味地邯郸学步，因为适合他人的不一定适合自己；也不要勉强自己去做自己根本无法做到的事情，那样有可能适得其反。只有找准适合自己的位置，你才能更加得心应手，取得更好的成绩。

如果不是耀眼的太阳，那么就做一颗闪烁的星星，照样能在夜里发光发亮；如果不是参天大树，那么就做一棵青青小草，照样给大地一抹生机；如果不是海洋，那么就做甘甜的水滴，照样能滋润万物。要相信，每一粒种子都会有适合它的土地。

扭曲的自尊和虚荣，让自己永远活在痛苦中

扭曲的自尊心就是虚荣心，这也是过分自尊的表现。有些人无论何时何地，总要表现出自己高人一等，其实，这就是太爱面子的虚荣表现。凡是虚荣心强的人总是活在自欺欺人的幻境中，可结果，往往又欺不了人，只能自己欺骗自己，给自己带来许多痛苦。

在国外某机场，一位贵妇人在乘坐飞机时，看到身边居然是位黑人，马上把空服员找来，大声地抱怨：“我花钱是为了享受，你们却把我安排在这里！我可受不了坐在这种地方，马上给我换个位子！”周围的人对她这种行为很反感，但是也没人说什么。

“很抱歉，女士。”服务员回答，“今天的班机已客满，但是为了满足您的需求，我可以去为您查查看还有没有空位。”

贵妇人听后感到很有面子。

几分钟后，服务员带着好消息回来。

“这位女士，很抱歉，经济舱已经客满了，我也向机长报告了您这个特殊的情况，目前只剩头等舱还有一个空位……”

贵妇人得意地看着四周的乘客，起身准备移往头等舱。

可此时，服务员微笑地对着那名黑人乘客说：“虽然这种情况是我们从未遇见的，但机长认为要一名乘客和一个厌恶他的人同坐，真是太不合情理了。先生，如果您不介意的话，我们已经为您准备好了头等舱的位置，请您

移步过去。”

此时，周围的乘客起立热烈地鼓掌，贵妇人羞愧地低下了头。

低调做人，敛起锋芒。人生不能总是风光，如果在风光时故意显摆会招人厌，死要面子的人常常会丢了面子。因此，抛弃爱面子的沉重压力，保持一颗平常心。与虚荣心相对照的就是一颗平常心。顺其自然，淡泊生活。

生命的真谛在于和平、自由，拥有一颗轻松自在的心，认真地做自己，这也不失为一种美好的生活。那样，即使你的人生没有荣耀和光环，你也可以发现平常日子中那些令人感动和欣喜的东西。你会读懂一枝一叶、一花一草所散发出的清香和温馨，你会品味出琐碎日子中的一种甜蜜、一种幸福。做一回真实的自我，你会感到无比轻松。

山区里，一匹马战胜了一只偷鸡的豺狼，因此，主人在它脖子上挂了一朵大红花，在马场上绕行一圈，让所有的马都向它行礼致敬。

这时，一匹小马对它说：“你真了不起，你获得了如此大的荣誉，这在我们马族的家族史上是绝无仅有的，真令人羡慕啊。”

谁知这匹马淡淡地说：“这有什么好羡慕的，我不过是尽了我的本分而已。”

这匹马于三个月后在战场上受了重伤，因为无法医治，兽医决定把它送进屠宰场。在进屠宰场时，它又与以前的那匹小马不期而遇，“老兄，想想三个月前，你是何等的威风，现在的处境居然这样悲惨，连我们都不如。一个英雄落到这种地步，你的面子都丢尽了。”

谁知，受伤的马平静地说：“这没有什么好悲伤的，我只不过是比你们早走一步这条大家都要走的路而已。”

人的一生如簇簇繁花，不能事事如意，既有盛开耀眼之时，也有暗淡萧条之日。不管是荣还是辱，我们都应该以平常心待之。不能因为曾经的荣耀就趾高气扬，也不能因为失意就感觉无脸见人。如果过分地在乎荣辱，烦恼就会滋生。只有把面子抛在脑后，才不会被荣或辱左右情绪，才会为自己赢得一个广阔的心灵空间。

凡是取得伟大成就的人，都懂得低调行事，不会因为满足自己的虚荣心、为了自己的面子而投资太大。相反，他们非常注意克制自己，时时保持一颗平常心。

赵匡胤当皇帝后，他最宠爱的照庆公主认为这下可要好好地“秀”一把了。

有一次，照庆公主在宫中观看行宫仪仗时，发现用翠鸟羽毛做装饰的旗子非常好看，回宫后就别出心裁地命人用翠羽装饰做了件外衣，穿上后对着镜子左照右照，心中尤为得意，在宫内走来走去。当然，人们免不了恭维一番，公主的虚荣心得到了极大满足。

就在她感到十分快活时，不料被赵匡胤和一群大臣们撞上了。公主想躲开，却被赵匡胤喝住说：“你把这件衣服脱下来，以后不准再穿。”

公主不以为然地说：“这件外衣只是用翠羽稍微装饰了一下，没什么大不了的啊？”

面对公主的狡辩，赵匡胤感到十分生气，厉声斥责道：“你怎么能这样说，翠羽价格高，要浪费多少钱财呀？你的生活已经非常优越了。”然后他撩起龙袍说：“你看看，这袍子我都已经穿了三年，到现在不还是穿得好好的吗？”公主无言以对，只得勉强将翠羽外衣脱掉。

有一天，赵匡胤与照庆公主在一起聊天。公主乘机对赵匡胤说：“父皇，你身为大宋圣明，可惜坐的轿子太没面子了，应该好好装饰一下，以显示我大宋国富民强啊！”赵匡胤深有感触地说：“但我身为天子，理当为天下管理好财富，岂可滥用？如果我只想一人荣华富贵，百姓还能对我抱什么希望呢？再说，我和历代圣明的君主相比，还差得远啊，他们都能安于平淡朴素的生活，我有必要用金银装饰自己的门面吗？国富民强才是最大的面子啊！”

赵匡胤说得照庆公主哑口无言，自觉惭愧。从此之后，照庆公主带头收敛起来，和其他宫女一样，平淡做人，素面朝天。而且，在赵匡胤的影响之下，宫里宫外，朝廷上下，都以穿戴质朴为荣。

在物质生活优越的今天，人们可以适当享受，但不能为了满足一己虚荣而铺张浪费。如果你有着强烈的虚荣心，正确的办法是把虚荣心转为上进心。特别是那些华而不实、盲目攀比、赶时髦、讲排场、只求面子上的好看、虚荣心太重的人，不妨在这方面学习一下赵匡胤，改变自己好大喜功的毛病。

人生短暂，万事但应想得开，随时随地保持内心平衡，不论何时何地，都能以平常心处世，处变不惊，笑口常开，做到“得而不喜，失而不悲”，才能把握自我、超越自我。

抵挡住完美的诱惑，有些缺憾其实也挺好

每个人都在追求完美，甚至有人为了追求它而花费了自己一生的时间。我们知道，人们在追求完美的过程中可以不断地完善自己、充实自己，使自己变得越来越优秀，这是一种积极向上的表现。但是，如果我们过分追求完美，那就是一种病态了。此时的完美就是一个美丽的陷阱，诱使我们陷入泥潭，受尽折磨。

无论什么事物都有它的极限，如果我们抱着不能得到理想中的结果就不罢休，同时置事物本身于不顾的态度，那我们只会品尝到苦涩的果实。要明白，这个世界上存在的东西都有一个度，有时候，瑕疵和缺憾也是一种美。

有的人认为，自身的完美主义体现的是一种对生活的认真态度，是一种积极、正确的行为。其实不然，过分追求完美会让你失去生活的乐趣，因为你对完美的向往已经完全蒙蔽了你的双眼，让你看不到沿途的美景。过分追求完美会让你很累，因为无论你怎么努力都不能达到所谓的完美，你会否定自己所有的努力和汗水，抱怨命运的不公。

我在旅游时遇到过一位六十多岁的老人，他没有结过婚，过着到处旅行、流浪的生活。他每天都忙忙碌碌，每天都愁容满面，似乎还没有找到想要的东西。

我当时问他在找什么，他说：“我在寻找一个最完美的女人，我要娶她

为妻！”

我继续问他：“找了那么多年，去了那么多地方，难道你就没有见到过一个完美的女人吗？”

“有的，我碰到过一个，那是仅有的一个，她真是一个完美的女人！”

“那你为什么没和她结婚呢？”

老人叹了一口气，满脸无奈地说：“可是，她也正在寻找一个完美的男人并想同他结婚！”

这位老人之所以还是孑然一身，究其原因，都是追求完美惹的祸。老人因为坚持完美，错过了很多原本可以拥有的美好东西。他不明白，完美是不存在的，生活更不可能有完美的结果。因为追求完美，人们便会对不完美的东西不屑一顾，这常常会使我们失去很多机会。所以，我们无论是做人还是做事，都要面对现实，从实际出发。

我们只有学会不苛求生活中的琐碎小事，不一味地追求完美，才能拥有更轻松的生活。可是，完美主义者偏偏给自己设定一个十全十美的目标，所有的事情都要求自己做到最好，一旦得不到预想的结果就会深深自责甚至沮丧消沉，继而彻底怀疑和否定自己，完全被完美主义束缚住了。这样的生活岂能轻松，岂能快乐？

很久以前，在干旱的沙漠边缘地区住着一位牧人，他的家里非常贫穷。他很羡慕富人的生活，幻想着有一天自己也能成为有钱人。然而，现实总是残酷的，他还是过着自己原来的生活。

一天夜里，牧人梦到一位天使对他说：“我是幸运之神，住在一百里外的石洞里。你来拜访我吧，不管你有什么愿望，我会满足你的。”

牧人感到很兴奋，决定前去一探究竟。第二天，他骑着骆驼出发了，走了两天两夜，水和食物都完了。就在他饥渴不堪的时候，他看见前方果然有一个发出七彩光芒的洞穴，走进洞穴里，他见到了光芒四射的天使。

天使把一个红箱子送给他，说道：“这个宝物可以让你改变一切。我教你一句咒语，只要你念了它，再把心里想要的东西告诉箱子，之后你打开箱子，你想要的东西就会出现在眼前。但有一个条件，它只可以使用一次！”

牧人很感动，此时他又饥又渴，便问天使：“我现在最需要的是一顿饭，你可以满足我吗？”

天使说：“可以！”接着天使又交给他另一个蓝色箱子：“这是另一个宝物。我教你另一个咒语，只要你念了它，再把心里需要的东西告诉箱子，之后你打开箱子，你需要的东西就会出现在眼前。它也只可以使用一次！”天使说完后，就消失不见了。

牧人太兴奋了，赶紧对着蓝色箱子念了咒语，要一些食物和淡水。打开箱子，他的愿望果然实现了！

次日，他带着万分高兴的心情回去了。一路上他念了咒语，把一件件愿望告诉了那个红箱子。牧人首先想到了牧场，于是他告诉红箱子，他要一片牧场。有了牧场之后他觉得还需要一片果园，可是只有果园并不完美，所以他又要了一座花园，但是只有花园怎么够呢？他还需要一幢宫殿，并要求房子的庭院里有一个大水池。而水池底下也不能光秃秃的，要缀满宝石，池里有音乐喷泉，池上又有鸳鸯、天鹅等。另外，他想到回到家后，再叫他的太太把她所想要的东西一一告诉宝箱。直到他觉得自己的人生拥有这些东西足够完美之后才停下来。

一路上他非常高兴，然而一天之后，他发现食物越来越少，淡水也快喝完了。他有点懊悔，抱怨道：“当时要求的食物和淡水太少了。”但他又想道：“不要紧！再坚持一天，到了家打开红箱子，那么一切就都有了！”于是，他忍着饥饿和口渴，在沙漠里缓缓地前进着。

第三天，他实在熬不下去，从骆驼身上倒了下来，手里抱着的红箱子也掉在地上。这时，牧人实在撑不住，于是伸手把红箱子的盖子掀开。顷刻间，他的愿望全都实现了。

只是，他要的花园太大了，房子在远远的另外一端，他要穿过花园才能到家门口。他鼓足了劲拼命地向前奔跑，跳进了水池里。跳下去之后，他才想起自己根本不会游泳，于是使劲挣扎，但身体不听使唤，一直往下沉。他要求的水池太大了，也太深了，他的脚根本够不到池底。

就这样他沉下去，最后，他看见了缀满宝石的池底，还没来得及高兴，就溺死了。在溺死前，他还在拼命挣扎，脑海只有一句话：“谁来救救我啊！现在我想要的都已经出现在眼前，我的人生即将圆满，可是一切都完了！”

为了追求完美，这位牧人不停地要求，不停地索取，不承想却因此丢了自己最宝贵的生命。

世界上没有绝对完美的艺术品，也没有绝对完美的人，更没有绝对完美的生活。过于追求完美的人，常常会束缚自己，就像总想把梦幻中的美景带到现实中的人一样，经常会感到沮丧和失望。你应该静下心来想一想，如果身边的一切真的很完美，那么为什么还会有那么多的人叫喊“不公平”呢?

我们总是希望自己不犯错误，把任何一件事情都做得完美无瑕，因此一旦犯了错误，没有把事做到完美，就会常常自责、抱怨，在精神和肉体上承受巨大的折磨。其实何必这样呢？完美是不可能达到的，人只有懂得满足才能享受到生活的乐趣。所以，无论做什么事情，只要我们真正努力过就应该感到满足，一味苛求完美是没有意义的。

我们要学会为自己的努力成果喝彩，哪怕只是一点点，这样才能有成就感，才是正确的选择，我们用这种心态才能正确面对生活中的不如意。换一种心态看待生活中的残缺，或许我们就能看到一片轻松的天地。

诱惑只因选择过多，全力以赴完成一个目标

一位哲学家说：当生活中有一种选择的时候，我们的内心是平静而快乐的，但当可供选择的事物多了起来，生活便多了许多烦恼。这些烦恼主要源于人们在众多选择面前患得患失的敏感心理。关于此，国学大师季羡林说：“生活应该简单些好，面对的选择越多，就越让人痛苦！所以，在做事情的时候，要追求单一的目标，这样才能将精力放在当下，从容地前行！”他是在告诉我们，在生活中，无论做什么事情，只有追求单一的目标，才能使自己更专注于当下，才能使自己少些选择的痛苦和烦恼。

有这样一则故事：

森林中生活着一群猴子，每天太阳升起时，它们会从洞中爬起来外出觅食，太阳落山时，它们又自觉回洞中休息，日子过得极为平静和快乐。

一天，一名旅客在游玩时，不小心将手表丢在了森林中。猴子童童外出觅食时捡到了。聪明的童童很快就搞清楚了手表的用途，于是，它自然地掌控了整个猴群的作息时间。不久后，它凭借自己在猴群中的威信，成为猴王。

聪明的童童意识到是这只手表给自己带来了机遇和好运后，每天就利用大部分的时间在森林中寻找，希望可以得到更多的手表。功夫不负有心人，聪明的童童终于又找到了第二块手表，然后是第三块手表。

但出乎童童意料的是，当得到三块手表时，反而给它带来了麻烦和痛苦，因为每块手表显示的时间都不相同，童童无法确定哪块手表上显示的时间是正确的。猴子们也发现，每次来问时间的时候，童童总是支支吾吾回答不上来。一段时间后，童童在猴群中的威望大大下降，整个猴群的作息时间也变得一塌糊涂，大家愤怒地将童童推下了猴王的位置……

拥有一块手表，可以明确地知道时间，而得到了两块甚至更多块手表却会使自己迷失，给自己带来无尽的烦恼和痛苦。由此我们可以说，得到的越多，痛苦和烦恼就会越多。

《圣经》说，上帝因一个简单的心思，只是用简单的泥土，造就了我们，而我们为何要去追求无谓的繁杂，终将自己置于痛苦之中呢？选择越多越痛苦，而这些“更多的选择”就是我们内心不断追求的结果。为此，哲学家说：因为人的欲求不止，所以，生命是一个不断作茧自缚的过程。同样，行为心理学家也指出：与其说人的行为是受一定的原因支配，不如说它更受人生的一系列目标或人生的一系列目的支配。在达到目标的过程中，人总要面对各种各样的选择，不同的选择，结果也不尽相同，人生也有可能会因选择不同而发生变化。所以，为了使结果更为完美，在选择的过程中，人们必然会仔细斟酌、细心惦量，由此，烦恼就产生了，混乱的生活状态也就开始了。

我们要想从这种混乱、痛苦的状态之中走出来，就要勇于舍弃，使生活归于简单。舍弃那些扰乱我们心智的“更多的选择”，过一种简单的生活。

有一位诗人，为了追求心灵的满足，不断地从一个地方辗转到另一个地方。他的一生都是在路上、在各种交通工具和旅馆中度过的。当然这并不是说他自己没有能力为自己买一座房子，这只是他选择的生存方式。

后来，由于他年老体衰，有关部门鉴于他为文化艺术所做的贡献，就给他免费提供一所住宅，但是他拒绝了。理由是他不愿意让自己的生活有太多的“选择”，他不愿意为外在的房子、物质等耗费精力。就这样，这位独行的诗人，在旅途中度过了自己的一生。

诗人死后，朋友在为其整理遗物时发现，他一生的物质财富就是一个简单的行囊，行囊里是供写作用的纸笔和简单的衣物；而在精神方面，他给世人留下了10卷极为优美的诗歌和随笔作品。

这位诗人正是勇于舍弃外在的物质享受，选择了一种简约的生活方式，最终才丰富了精神生活，为人类做出了巨大的贡献。他的人生是一种去繁就简的人生，没有太多不必要的干扰，没有太多欲望的压力，是一种快乐而又纯粹的人生。

我们要想过一种幸福而快乐的生活，就不能使自己背负太多的选择，要学会去繁化简，将生活简单化，这样才不至于使自己在众多的选择面前无所适从。

正如尼采所说：如果你是幸运的，你必须只选择一个目标，或者选择一种而不要贪多，这样你会活得快乐些。正如一台电脑一样，在其系统中安装的应用软件越多，电脑运行的速度就越慢，并且在电脑运行的过程中，还会有大量的垃圾文件、错误信息不断产生，若不及时清理掉，不仅会影响电脑的运行速度，还会造成死机甚至整个系统的瘫痪。所以，必须定期删除多余的软件，及时清理掉那些无用的垃圾文件，这样才能保证电脑正常地运行。

别为面子逞能，该拒绝时果断说“NO”

人要脸，树要皮。对于这句话，我们一点都不陌生。尤其是对很多男性而言，有时候为了面子，在朋友面前不免总是摆出一副这样的姿态：“没问题！老弟你说的事情很轻松！”“这事儿交给我，肯定能办好！”

为了给朋友留下一个好印象，“拒绝”，似乎成了我们字典里从未出现过的词。

为了朋友两肋插刀，这当然让人敬佩；可是，如果自己明明没有那份实力，却依旧对朋友的期望有求必应，这是一个成熟的人应有的行为吗？

此时，你也许抱着自己的观点毫不妥协；可是，如果读完下面这个案例，也许你坚定的内心就会产生动摇。

孙皓有一个朋友名叫赵磊，是一名私企老板。赵磊的生意不断做大，他决定与一家酒店商谈，作为自己的合作定点招待。而孙皓恰恰就在这家酒店工作，于是他自然找到了这个老朋友。

然而，赵磊并不知道，早在年初，孙皓因为与领导出现摩擦，早已离开了这家酒店。不过，当看到老朋友因为这件事专门宴请自己，加上又喝了点酒，因此孙皓拍着胸口说：“老兄，你的事儿就是我的事儿，我一定给你办好！”

“兄弟，我不勉强。我们是新公司，谈判的主动权不多，实在不好做，你可别难为自己，有什么问题就和我说，大不了咱们再想办法！”

听到赵磊这样说，孙皓更加觉得要维护自己的形象，说：“看你说的！我怎么也是这行的老人，也是这家酒店的中层，这事儿你就放心吧！”

第二天，为了赵磊的这件事，孙皓开始忙碌起来。结果可想而知：一个已经离职的员工，并且还与领导产生过争执，怎么可能和原单位再有很密切的合作？一转眼，半个月过去了，但这边毫无进展。

这天，赵磊给孙皓打来电话，咨询相关事宜，并再一次强调：如果不好办就算了。可是孙皓意识到，如果这个时候拒绝，那么自己无疑将丢了大面子。可是，该如何进行下一步呢？孙皓陷入了迷茫。

终于，没过两天，孙皓的一个老同事告诉他：酒店可以与赵磊签约，但不是总经理出面，而是这个老同事，因为赵磊的公司只是小客户，不值得总经理亲自出面。

听到这个消息，孙皓兴奋异常，立刻通知了赵磊。几天后，赵磊与孙皓的前同事签订了合同，交付了一年服务费。当天晚上，赵磊邀请众多朋友，并多次赞扬孙皓办事稳妥。直到这时，孙皓依旧没有告诉朋友们，他早已离开酒店，他已经陷入了朋友的赞美中不可自拔。

然而让孙皓没想到的是，兴奋没有两天，一盆冷水从天而降。第三天，赵磊去酒店，结果却得知，赵磊的签约无效！

“我们公司有明确规定，对于企业客户必须由总经理亲自签署合同，你的这份合同是假的，并且和你签约的那个人上个月刚刚辞职！还有孙皓，已经离职半年多了，根本不是我们的员工！”在总经理室内，赵磊得到了这样的答复。

赵磊一下子蒙了。他急忙联系孙皓的老同事，却怎么也联系不上。一怒之下，赵磊将孙皓起诉至法院。面对即将到来的牢狱之灾，一向爱笑的孙皓，却再也笑不出来了。

想想看，现实中，孙皓这样的人还少吗？为了让别人高看自己一眼，面对朋友的请求，不假思索地拍胸脯，却根本就没有想一想：自己有能力解决问题吗？如果解决不了，又有什么办法去妥善化解吗？

如果答案是否定的，却依旧想着“两肋插刀”，那么结局一定如孙皓一般。

为了给他人留下好印象硬着头皮答应下来，这是很多人在与朋友交流时都会选择的行为，但随后我们却丢失了内心的快乐，这是很多人都没有想到的结局。拒绝，真的那么难吗？当然不，但是为了撑起自己的形象，打肿脸充胖子，最后却害了自己。

也许在孙皓心里，甚至在我们自己的心里，都会对这一系列行为贴上“卖力不讨好”的标签，甚至抱怨朋友最后的行为有些“太不够义气”，但平心静气地想：如果第一时间告诉朋友自己的现状，明确告知的确无法做到，那么朋友又怎么会平白无故地受损失？办不到，只是因为暂时的能力不足；但办不到也不拒绝，那么只能给朋友留下这样的印象：人品有问题！

每个人都想让自己的形象高大，这是人之常情。但是，凡事都不要做过了头，不然真正的形象保不住不说，还给自己找来啼笑皆非的难堪。所以，在面对朋友的一些无法做到的要求时，与其死要面子说大话，倒不如和朋友说明情况婉言拒绝，这样反而会让朋友更加理解你的难处，并钦佩你的为人。

当然，在拒绝的语言上，我们不妨下点功夫，做到真正的“婉拒”。

1. 给对方一个建议

在拒绝的同时，我们如果能够给朋友一些建议，那么就会冲淡有可能产生的不愉快。例如，你可以说：“这几天我的确脱不开身，实在没办法。但是我知道，有一份资料，能够帮上你不少忙。这个资料，就在图书馆里，你现在赶紧去借出来，这样就不会有麻烦了！”这样，对方不仅会接受你的拒绝，还会因为你的建议而对你产生感激之情。

2. 别太生硬，让对方理解你的苦衷

拒绝别人时最忌讳的就是以一种冷冰冰的、机械化的口气说“不，我没办法做！”，这样会大大伤害对方的感情，甚至让对方嫉恨于你。想要婉拒，我们就应该按捺住内心的冲动，用一种较为缓和的语气去表述。

例如，一个朋友想要找你帮忙，你应该让他理解你的苦衷，用无奈的语气说：“哥们儿，真是不好意思，虽然我很想帮你，可是我现在正被一项新工作搞得头昏脑涨，所以你看……”与此同时，我们最好配合一定的手势和表情，将这份无奈体现得更加淋漓尽致。这样一来，朋友即便再想麻烦你，也不得不选择放弃。

控制自己的欲望，做人要懂得适可而止

只要是人都有欲望，并时刻被欲望包围，抱怨、痛苦、快乐、幸福……不过，这就是生活，酸甜苦辣咸五味俱全，一样也不缺。有位哲人说过：“人的欲望就像是一座火山，如不控制就会害人害己。”

我们活着，最重要的就是克制自己的欲望，懂得适可而止，懂得知足常乐。唯有这样，我们的生活才会充满快乐，我们才会感觉到幸福的滋味。

快乐是我们内心的一种感受，它就在我们身边，我们每天都可以见到它。但是，在贪婪的人眼里，快乐总是很遥远，他们苦苦追寻快乐，却一直没有收获，徒添了很多烦恼。

有一个国王得了重病，御医对此束手无策。

王后问国王：“怎么样才能让你恢复健康呢？”

国王回答说：“我是国王，享尽了人间的荣华富贵，但是我感到不快乐，我当国王还有什么意义呢？”

王后说：“这该如何是好啊？”

“去寻找一个天底下最快乐的人，我想知道他快乐的原因。”国王答道。

之后，王后将国王的话传达给了王子，让他去寻找天底下最快乐的人。

王子知道托比是天下最富有的人，应该是最快乐的，先去找他。来到托比的住处，王子说明了来意，谁知托比一脸愁容，无奈地说：“王子呀，我一天也没有感到快乐啊！”

王子不解，问道：“你已经非常富有了，为什么还不快乐呢？”

“我的目的是赚到天下所有的钱，这个目标还没有实现，所以我不快乐。”

王子只好来到邻国，面见了邻国国王，并说明来意。邻国国王说：“我跟你父王一样，整天都忙于国事，根本就快乐不起来。”

王子告别了邻国国王，继续寻找。有一天，王子遇到了一位智者，他告诉王子说：“人间不存在快乐，只有苦难和忧伤。真正的快乐在天堂。”当然，王子没有相信他的话。

接下来，王子又遇到了不同职业的人，但他们的答案都不能让他满意。直到有一天，王子遇到了一个乞丐。那天，王子正在树下叹气，正好被这个乞丐看见了。

乞丐问：“年轻人，天气这么好，你还叹什么气啊？”

王子见是乞丐，十分恼火，呵斥他说："关你什么事啊！"

乞丐没有恼怒，反而笑了笑，说道："前面有条小河，天气这么热，不如我们去洗洗，去去暑意，甭提有多快乐了。"

"快乐？你连饭都吃不上，还会快乐？真是太可笑了。"

"即使吃不到饭，用野果充饥也不错的。"

"那你晚上怎么睡觉？"

"地为床，天为被，多么宽敞啊！"

"那你身上有钱吗？"

"钱财是身外之物，我一个乞丐要钱干什么？钱太多了容易被人算计，我才不想自找麻烦呢！"

王子又问："那么权力呢？"

乞丐哈哈一笑说："权力算个什么东西？靠权力过日子的哪个比我快乐呢？"

王子问："你一无所有，到底凭什么这么快乐？"

"年轻人，我并不是一无所有，我拥有一切——太阳、月亮、春风、细雨、鲜花和无数的食物，这些都值得我快乐。"

王子恍然大悟，拉着他立即奔回了王宫。

如果你感觉不到快乐，那么你现在拥有的一切都不会让你感到快乐。其实，这就是你快乐的理由，是要你珍惜眼前所拥有的一切。

人总是会有很多欲望，总是在不停地追求，认为得到财富以后，自己就会变成一个快乐的人。得到以后才发现，自己原来并不快乐，于是财富成为沉重的枷锁，将快乐挡在了门外。获得快乐的方法就是打开枷锁，让自己变轻松。一个人有所追求，才会有成功的机会，追求可以成为一种快乐，欲望却永远都只是生命沉重的负荷。

詹姆斯在成为富翁之前是一个穷小子，他每天穿着旧衣服，吃着残羹剩饭，非常羡慕街上那些坐马车的富人。他常常幻想：“如果哪天我成为有钱人，那么我就是一个快乐的人了。”

有一天，幸运真的降临到了詹姆斯的身上，他竟然捡到了一袋珠宝。最初，詹姆斯想独吞这袋珠宝，但他转念一想，还是决定将珠宝归还给它的主人。于是，他在那里等了两天，终于见到了珠宝的主人。这个丢失珠宝的人对詹姆斯大为赞赏，也非常感动，当即决定赠送半袋珠宝给他。

谁知，詹姆斯却拒绝接受珠宝，并说：“先生，我不想要这些珠宝，我想靠劳动成为一个真正的富翁。”珠宝的主人看着詹姆斯说：“我专门做珠宝买卖，既然你不要珠宝，那就跟着我做生意吧，不过这袋珠宝就算是你的本钱。”

后来，詹姆斯跟着珠宝商人做起了生意，慢慢地赚了不少钱，成为一个富翁。为了赚到更多的钱，他兼并他人的店，几年之内成为一个真正的珠宝大亨。他终于过上了上流社会的生活，经常参加沙龙和晚宴。在宴会上他跟客人谈笑风生，可是客人一旦离去，就剩下他一个人，他变得一点儿也不快乐。他想娶一位姑娘为妻，可是那位姑娘是因为他有钱才嫁给他，这使他感到非常痛苦。他的珠宝店还被人打劫过，于是他生活得战战兢兢，每天都担心自己的财富会丢失。

直到有一天，詹姆斯看见了一个流浪汉，见他脸上时刻都挂着阳光般的表情，便命人将他请进了办公室，问他：“你生活这么贫苦，为什么还能这样快乐？我如此富有，却为什么感受不到快乐呢？”

流浪汉对他说：“您看我一无所有，而您却是背负着众多的欲望，怎么会快乐呢？”听完流浪汉的话，詹姆斯茅塞顿开。从那天开始，他决定做一些有意义的事情，比如帮助流浪儿童和无家可归的人，比如做一些公益活动。这么做之后，詹姆斯又有了笑容，觉得自己此时是真正快乐的。

欲望是个金托盘，是潜伏在人心里的一种病毒。人的欲望没有满足的时候，如果自己的意志不坚定，就会让欲望有机可乘，自己也最终会陷入无穷无尽的重负之中。不仅如此，欲望过重还会让人更加难以获得快乐。所以，一个人要想过得快乐、轻松，就一定要少一些欲望，多一些淡泊。只有这样，人才不会为欲望所控制，不会被欲望侵蚀心灵。

曾经有一个人每天都努力工作，可就是无法取得别人那样的成绩，甚至连自己的小小愿望都无法实现，为此他很苦恼。有一天，他去拜访一位智者，向智者抱怨生活不如意，并请智者指一条道路。

智者没有说话，而是给他一个小篮子，让他走一步就捡一块石头放进去。

那个人按照智者的话去做，没一会儿，篮子装满了石头，很重，所以那个人累得气喘吁吁。智者此时才对他说：“现在你明白你感觉生活累的原因了吗？那是因为你的生活中有太多的欲望，还充斥着一些无用的东西，这些加起来让你难以承受，所以你感觉到生活很累。”

我们每个人来到这个世上的时候，都有一个小篮子，在成长的过程中，也都在捡石块，捡了第一块，就还想捡第二块，越捡越多，结果欲壑难填，被欲望塞满了内心，渐渐失去了快乐。要想多一些快乐、少一些抱怨，不妨少一点欲望、多一点淡泊，求得内心的平静和安详，才是明智的选择。

Part 5 拖延症一犯，你还有什么自控力可言

拖延能让一个年轻人，成为颓废的“老人”

初入职场的年轻人身上往往有一股逼人的朝气，他们不管干什么事都很有干劲，然而在一些职场老人看来，这些朝气不过是三分钟热度。“等你在职场混久了，你就不会这么有激情了。”职场“老人”这样告诫年轻人。而等到年轻人逐渐变成了职场“老人”，大多数人也发现，当年这些“老人”说的话真的很对。

的确，很多人早已从脚踏实地慢慢变得精明，而又从精明开始慢慢学会拖延，逐渐向颓废过度。

很多人常常说“岁月是把杀猪刀”，我的大学同学陈孝成有时也会感慨几句。陈孝成大学毕业后投身广告业，现在的他作为公司设计负责人，对自己这十几年的变化感慨颇多。

当年，陈孝成刚毕业就找到了一份心仪的工作。当时的他自然是意气风发，相信自己能够在公司里大展拳脚。进入公司，当看到自己亲手做的设计方案一一被领导采用的时候，陈孝成内心充满了激动和骄傲。此后的一段时间里，无论陈孝成接到什么样的工作，他都会在第一时间内完成，即便影响休息娱乐也在所不惜。然而现在，一切都不一样了，刚毕业时的那股朝气早不见了，现在，即便是最紧迫的项目，他也是能往后拖就往后拖。

陈孝成常想，自己刚到公司时的那股朝气都去哪儿了呢？一次大学同学聚会，陈孝成对我发了一通牢骚："我现在的事业可以说是一帆风顺，但是总感觉不到以前咱们在学校时的那股劲。你说咱们上大学的时候是多么的意气风发，圣诞节的时候，摆个地摊，卖个苹果，虽然卖的还没吃的多，但是那时候的感觉特别好。"

"是啊，现在咱们工作的状态和刚参加工作时的状态实在是差别太大了。"他的话引起了很多同学的共鸣，大家纷纷附和，感慨着自己的转变。

"刚开始的时候，总想着用自己的激情去改变整个世界，没想到工作几年，就被这个世界给改变了。"

"现在我对待工作急的就做做，不着急的能拖就拖，反正最后一定会找到解决办法，慢慢地人变得越来越颓废。"

……

其实，像陈孝成这样的感触很多人都有。随着年龄的增长，无论是生活还是工作，我们都会逐渐失去激情，没有了继续拼搏的动力。做事的时候拖拖拉拉，思考问题的时候懒懒散散，这样的状态长期持续下去，人就变得越来越颓废了。

面对这样的状况，有的时候我们会感觉很难过，看看自己的懒散，再看着刚刚进入公司的年轻人的朝气，更是感觉自己已经跟不上时代了，因此，不禁要问，以前那么阳光、那么有朝气的自己到哪儿去了呢?

是啊，人的朝气去哪里了呢?答案是：被拖延给磨光了。少年时、青年时，我们面对的是紧张的学业，是师长的督促，是同代人的竞争，在这种情况下，每个人争分夺秒，一刻钟当两刻钟来用。但是毕业之后走入社会，我们需要自己来掌控自己的人生、安排自己的工作，生活中没有明显的竞争，紧迫感也就慢慢消失了，拖延开始变成生活中的常态，于是朝气就这样一点一滴地丧失了。

紧迫感的丧失来自拖延，而拖延久了就染上了拖延症，一个得了拖延症的人对于生活的态度便成了能拖一刻是一刻，只求这一刻无事轻松，哪管下一刻十万火急。然而，下一刻终于还是会到来的，就在这不断的十万火急当中，人生开始一次次地失败，而因为失败，便更加懒散，对待生活更加拖延，拖延和懒散形成了一个恶性循环，而这个恶性循环的最终结果就是内心彻底崩溃，整个人陷入一种颓废的状态当中。

颓废是一种怎样的状态呢?就是对所有的事情都感觉浑浑噩噩，没有自己想要参与新生事物的兴趣，总是认为“有什么事也不用着急”，对于自己的工作，总是拖到最后一刻才慢悠悠地去做，没有丝毫自控的能力，当然也不会采取任何的措施来进行自控。

处在颓废中的上班族往往会被同事笑为患上了“更年期综合征”，而处于颓废中的人生，则是一个彻头彻尾没有意义的人生。在这样的人生当中，逃避困难、不肯面对挑战、被动地安于现状成了生活的主题，放弃、逃避成了生活的选择。这样的生活，难道是我们想要的吗?

没有人希望自己的人生毫无意义，谁也不想成为坐吃等死混日子的蛀虫，但只有当你摆脱了拖延症，才能够结束这一切，重新迎来朝气蓬勃的人生。

拖延很神奇，它能卸掉一切积极的配件

发明家爱迪生说：“天才，就是百分之一的灵感加上百分之九十九的汗水。”无论你拥有怎样的天资，唯有勤奋才能让你收获成功。勤奋就是坚持不懈地努力，而所有的赞誉和掌声只是这种努力后所达成的结果。所以，当我们羡慕别人能够享受高品质的生活时，当我们为这个世界的不公而心生抱怨时，不如扪心自问：“我是否是一个懒惰的人，是否做什么事情都一天拖一天，我真的足够勤奋了吗？”

拖延是一个很神奇的东西，它能够卸掉你身上一切积极的配件。当你想开足马力，勇往直前时，拖延会在内心告诉你：这么多事情，今天怎么能做得完，明天再做吧，从明天开始也不晚。当你听从拖延的建议，你将会发现，你离勤奋越来越远，离成功更加遥不可及。

当被问及成功的主要原因时，比尔·盖茨回答说："工作勤奋，我对自己要求很苛刻。"无独有偶，NBA的传奇巨星科比在谈及自己成功的秘诀时也曾说道："我知道每天凌晨四点时洛杉矶的样子。"

天道酬勤，一个人的成功总是源于他的勤奋。一分耕耘，才能有一分收获，在通往成功的道路上，无不浸染着勤奋拼搏的血汗与泪水。我们只有奋发图强、坚持不懈、永不气馁，才能成功地实现自己的人生价值，才能得到幸福而激扬愉悦的人生。

菲尔普斯是当今泳坛的一段传奇，被誉为"永远不老的飞鱼"。他有着比1.93米身高的人还多出7厘米的超长臂展，肺活量是一般人的两倍。很多人都认为，他之所以能够在泳池里创造出一个又一个奇迹，都是得益于万里挑一的身体天赋。殊不知，那些被掩盖在金牌背后外人无法看到的付出，十几年如一日的辛勤汗水，才是真正激发他潜能极限的力量。

菲尔普斯说，仅有天赋，你永远无法赢得那些奖牌。他从11岁起就以夺取奥运会金牌为目标，开始极其艰苦的训练，正常孩子的娱乐活动从此与他远离；他每天都会在早晨5时30分左右起床去训练，即使圣诞节也不例外；训练严格时，他每周要在水里至少游100公里。

没有这种坚持不懈的奋斗，没有这些超出常人的付出，就不会有世界纪录被一次次打破的精彩，他就不会成为泳池奇迹的缔造者。

菲尔普斯用自己的实际行动证明了，成功不只取决于天赋，更重要在于你是否愿意为了1%的可能付出99%的汗水。很多人虽然天赋不错，虽然家境优越，却疏于勤奋，不肯付出努力，总是在各种不切实的幻想中度日，最终只能是两手空空，一无所获。

中国著名作家冰心的《繁星》里有这样一句话："成功的花，人们只惊慕她现时的明艳，然而，当初她的芽儿，浸透了奋斗的泪泉，洒满了牺牲的血雨。"每一位成功者的成长历程，所堆积的乃是超越常人的辛勤的付出。人生想达到一定高度，就必须不断攀登，哪怕疲惫不堪，哪怕伤痕累累，也要一步步向上爬，唯有如此，才能登上人生的顶峰。所以，机遇和荣誉总是垂青勤奋者，我们要有一颗充满激情的进取心，以自己的理想为目标，发奋图强，矢志不移，才能到达成功的彼岸。

斯蒂芬·金是世界著名的恐怖小说作家，他的成长经历十分坎坷，最潦倒时连电话费都交不起。但凭着自己的努力，他终于成为享誉全球的文学大师。他谈起自己成功的秘诀，只有两个字：勤奋。

每天天亮时，他就会伏在打字机前，开始一天的写作。一年365天，他几乎都是在文学创作中度过的。他允许自己休息的时间只有三天：生日、圣诞节和独立日。

勤奋给他带了永不枯竭的灵感。其他作家在没有灵感时就会去做别的事，让自己的心情得到放松。但他在没有什么可写的情况下，仍然坚持每天写5000字，以此来保持创作的状态。

有人说，阳光每天的第一个吻触，肯定是先落在勤奋者的脸颊上。斯蒂芬·金无疑就是这个幸运的人。

人生路遥，步履维艰。只要我们远离拖延，以勤奋为准则，以不断进取为动力，永不停下向前的脚步，永不放弃自己的理想，即便生活中充满了荆棘与坎坷，我们也一定能拥抱成功的希望与辉煌。

德国政治家威廉·李卜克内西说："才能的火花，常常在勤奋的磨石上迸发。”勤奋是走向成功的唯一途径，没有勤奋，天才也会变成傻瓜。世界上从来没有不劳而获的美好，拖延从来不会带给人成功。我们只有通过勤劳的付出，才能获得丰硕的成果。

若拖延成为一种习惯，你的人生再无希望

有这样一首儿歌：“丢了一个钉子，坏了一个蹄铁；坏了一个蹄铁，折了一匹战马；折了一匹战马，伤了一位将军；伤了一位将军，输了一场战斗；输了一场战斗，亡了一个国家。”对于拖延者说来，这首歌应该非常合适。拖延不是什么大事，甚至身边人也愿意去理解，但久而久之，它对我们的的危害则没办法弥补。所以，对于拖延这种会让人上瘾的习惯，我们应该改变它、战胜它。

我们都很清楚，一旦自己陷入拖延的陷阱，就很难自拔，因为每次努力的摆脱都会让我们感觉痛苦。可是，这种摆脱的痛苦远比最终无法改变的永久损失要划算得多。《战胜拖拉》的作者尼尔·菲奥里曾说我们真正的痛苦来自因耽误而产生的持续的焦虑，来自因最后时刻所完成项目质量之低劣而产生的负罪感，还来自因为失去人生中许多机会而产生的深深的悔恨。所

以，相比这悔恨，我们还有多少摆脱的痛苦不能承受呢?

我有一个妹妹，叫小南。她大学刚毕业没多久，现在是个上班族。因为从小到大没离开过家，从来没做过饭，所以，自理能力很差。现在她上班了，平时自己还是不怎么做饭，住处就储存了很多零食，以备不时之需。这天是周六，她收拾橱柜的时候发现以前买的东西都放坏了，就想着收拾收拾拿出去扔了，结果事一多，就给忘了。第二天她又想起来，就想等到吃完晚饭下楼散步时带出去。可晚饭后她接着看没看完的电视剧，没有下楼，快睡觉的时候才想起来橱柜里坏的食物没有扔掉，但这时候她已经不想收拾了。就这样，直到下个周末才再次想起来去扔的时候，橱柜里已经一片狼藉了：橱柜里满是虫子。最后，小南花了一天的时间打扫橱柜。

扔个垃圾而已，每次都想着，这次忘了，下次再说吧。但是总会下次又等下一次，直至垃圾成灾。做事情也是这样的道理，什么事情都不能拖延，事情拖得越久，麻烦往往会越大。

有人说："拖延等于死亡。"很多人感觉这是在危言耸听，其实不然。

我的发小小伟最近感到自己的胸口有点疼，但是他毫不在意。我们好多朋友都建议他去医院检查一下，他拖着不去，还强词夺理："最近没时间去医院，我本来就很懒啊。"

两个月之后，小伟身上的疼痛越来越厉害了，疼得实在是拖不下去，才去了医院做检查。检查结果是胸腔积水，这个时候他才意识到自己这次真的是摊上大事了。

医生告诉他，如果早来医院，吃点消炎药、打几瓶点滴就可以了，现在病情严重了，需要进行手术治疗，如果再拖下去，可能就出人命了。

刚开始的时候不过是一个小毛病，拖一拖也没什么关系，但是等自己疼得没有办法忍受了，再去医院检查的时候，就会后悔没有早点来医院。也许这一次你的生命健康没有什么大碍，只能算你幸运。可拖延成习惯，以后每次还都能这么幸运吗？

大卫是美国某个火车站的火车后厢的刹车员，人特别机灵，对谁都是乐呵呵的，乘客和一起工作的同事都比较喜欢他。

一天晚上，一场突降的暴风雪使得火车晚点，这就意味着大卫需要加班了。和平时一样，他的嘴里开始不停地嘟囔："这个鬼天气，还让不让人活了，真是的，烦死人了！"他一边小声嘀咕，一边想着如何能够逃开这次加班。

屋漏偏逢连夜雨，因为这一场突来的暴风雪，一辆快速列车不得不改变原来的路线，几分钟之后就拐到大卫所在的轨道上了。列车长接到通知之后马上给大卫发出了指令，让他拿着红灯到后车厢去。做了多年的刹车员，大卫知道这件事情的严重性，可他想到的是，后车厢还有一名工程师和刹车员，也就没有太在意。他还笑着和列车长说："老兄，不用这么着急，后面有人守着呢，我拿件外套马上过去。"列车长很严肃地告诉他："人命关天，一分钟都不能等。那列火车马上就要进站了！"

大卫看到列车长这么严肃的样子，于是也很严肃地说："我知道了！"列车长听到答复之后，就匆匆忙忙地向发动机房跑去了。

大卫平时已经习惯了做事拖拖拉拉，以此来消磨无聊的加班时间，这一次也不例外。他想，后车厢还有人，安全着呢，没有列车长说得那么严重。他习惯性地喝了几口小酒，驱走身上的寒气，吹着口哨慢慢悠悠地向后车厢走去。等到他快要靠近后车厢的时候，突然想起这时候的后车厢是没有人的，因为在半小时之前列车长已经把他们调到前面的车厢去处理事情了。

大卫慌了，快步跑过去，但是已经太晚了。那辆快速列车的车头在刹那间撞上了前面的火车，紧接着就是巨大的声响和乘客的呼喊声。

有的时候，习惯性的拖延会带来不可忽视的巨大后果。看似不起眼的、小小的拖延症，好像与那些严重的问题距离远着呢，但其实不然，每一个细微的环节都和生命息息相关。

心理学上说："习惯会变成无意识的大脑运作过程。"拖延的时间一长，大脑就会长时间地保持并记住这个状态，渐渐地会将拖延变成一种习惯，当面对需要及时解决的问题时，也会拖延不做。这就像是在滚雪球，滚的时间越长，球就会越大，而麻烦也将越大，直至你无力解决，可惜悔之晚矣。

时间很是宝贵，莫在拖延中让它消失殆尽

如果一场电影你迟到5分钟，那么你将错过一个十分精彩的开场白；寒冷的冬天你睡在温暖的被窝里迟迟不想起床的时候，那些成功人士正坐在电

脑旁兢兢业业地工作；你已安排好今天的行程，而朋友打电话来邀你逛街、喝咖啡，你明知应该今日事今日做，最后却抵不过诱惑想着明天再做。你拖延越久，就会被时间落下越久。当你拖延的时候，时间并没有因为你而停下它忙碌的脚步。今日复明日、明日何其多，人的一生中又能够有多少个明日呢？所以，在时间面前千万要守时，它可不会耐着性子等。

你知道现在是几点吗？此时可不是你逛街喝下午茶的时间，而是你手头工作的最后期限。其实我们很容易被自己主观上的时间所欺骗，它不是手表上的时间，而是我们此时此刻正在拖延的时间。

哲学家和科学家将时间看成是主观时间与客观时间，但是他们并没有就时间的本质达成过一致意见。

关于时间，亚里士多德就有一个著名的“倒树疑问”：如果有一天在森林里面倒了一棵树，这时旁边一个人也没有，那么这棵树会发出响声吗？亚里士多德提出这个著名的问题就如同他对时间的理解一样没有准确答案。他有的时候在想：如果对于时间我们不去用那些数字加以计量，那么时间还存在吗？但是科学家牛顿则相信时间是绝对的，不管有没有用数字去加以计量，它无时无刻都存在着。康德也表示，虽然我们不能直接认知时间，但是我们可以通过经验得到它。爱因斯坦却认为过去、现在和未来全都是幻觉。这就是发生在科学家与哲学家之间，关于时间问题的一场辩论。而在这场旷日持久的辩论中，要想得到一个具体的答案，将会是一个非常漫长的过程。

对于爱因斯坦提出的“时间是幻觉”这种概念，拖延者往往喜欢这种说法。因为他们常常喜欢在事情一开始的时候不急不慢，当事情拖延到最后期限，日益临近而没有办法再拖延的时候，才感觉时间过得飞快。然而，不管时间是不是幻觉，我们始终都无法去阻止或者改变时间前行的脚步，最后的期限最终还是会如约而至。

英国的一所学校里，学生们正在操场上活动，有的打蓝球，有的踢足球，有的跑步，各种各样的体育运动都在紧锣密鼓地进行着。可是，有一个叫莱西的小女孩却坐在离操场很远的一棵树底下，专心致志地读书。

原来，莱西以前很贪玩，学习成绩一直不好，老师说她智商太低，永远不会有出息。同学们说她是一个笨家伙，就连她最要好的朋友杰米也不再同她来往。回到家里更让她失望，父母都认为她读书根本没用，不但不进行辅导，母亲还让她帮着做家务，更可恶的是她的父亲，每天都对她骂骂咧咧地说："如果你的学习成绩3个月后不提高，我将把你介绍到一家纺织厂去做工。"

同学的冷眼、父亲的谩骂，终于让莱西醒悟了，她没有想到一个学习成绩不好的孩子会是这样的。她下定决心，一定要尽力把落下的功课补上来。

于是她一改往常的习惯，不再贪玩。一天，母亲出去买菜，让她看好院里晾晒的衣服，可她偏偏为了一道数学题急得不可开交，一时间忘记了母亲的嘱咐，等母亲买菜回来，衣服早已让邻居家的一只小花狗给叼跑了。为此，母亲狠狠地打了她一顿。

晚上，同学们都早早入睡了，她还趴在床上学习。就这样，莱西没日没夜地学习，虽然她熬得眼圈发黑，身体渐渐消瘦，可是她的学习成绩在原来基础上提高了一大截。到期终考试时，她以全校第一的好成绩，终于赢来了同学们的笑脸和父母的夸奖。

莱西的故事告诉我们：时间能送给你宝贵的礼物，它能使你变得更聪明、更美好、更成熟。不怕时间不等人，就怕你不知怎样去利用时间。

利用时间要坚持不懈，要持之以恒，你不能因一时的成功就把时间丢在一边，不去重视它。让时间时时刻刻留在你心中，这样你才能成为一个真正的高效能人士。

其实对于时间的流逝，我们每个人都会有不同的感受，而每个人对待时间的态度也大不相同。忙碌的人会埋怨时间走得太快，无聊的人则觉得时间过得太慢，以至于找不到什么事情打发这无聊的时间。这就是每个人的“主观时间”，它是我们于钟表之外的时间经验。

如何将我们的主观时间与具有不可动摇性的钟表时间完美地结合在一起，这是现如今我们面临的重大课题，一个对于时间观念要求比较严格的人往往比较偏重于客观时间。而拖延者往往沉溺于主观时间而丢掉钟表时间，久而久之也就不愿意回到客观时间，最终手上的工作将会越积越多，拖的时间越长就越来不及完成。目前我们需要做的就是把自己的主观时间与时钟的客观时间结合在一起，只有这样我们才能够在沉溺于某件事情的同时明白什么时候应该抽身离开，而不会在妥协中失去诚信。

大多数的拖延者都会面临这样的问题：即使自己的主观时间与客观时间产生冲突，也不愿意承认两者之间有着很大的差异。即使现在已经是下午了，但是在他们看来离下班的时间还有好几个小时，不必急急忙忙地赶工作。久而久之，这种拖延变成了习惯，当一件事情来临的时候，他们往往会怀抱侥幸心理，单纯地认为不到最后一刻就还有机会完成，所以在事情还没有完成之前，他们丝毫不会为时钟的转动而感到着急。这时，时钟对于他们来说只不过是一个摆设而已，他们根本不会为现在几点而着急，因为他们一直以为离最后的期限还早着呢！

我们每个人对时间都有自己独特的理解，都有一套属于自己的时间观念。时间观念不同会导致行为习惯也大不相同，这样一来就很容易产生矛盾。妻子可能会这样质问她的丈夫："为什么每次看球赛的时候总是非常准时，但是和我看电影的时候总是迟到？"她的丈夫也许会这样回答她："电影在没有开始之前你就到了，而我到的时候电影刚好开始，我这怎么算是迟到呢？"这就是因每个人的时间观念不同而引发的矛盾。

不同时间观念的人很容易在时间问题上发生冲突。例如，和朋友一起商量明天爬山出发的时间，有的人觉得提前半小时动身，以免在路上遇到堵车；有的人就认为还是晚一点比较好，这样反而可以避开上班高峰期。于是一场关于何时爬山的讨论开始了，有的人可能会为此事争得面红耳赤，这就是因为每个人对待时间的体验不相同。

性子非常急的人接受拖延者的时间观念肯定是一件非常困难的事情，因为这两类人的钟表时间相差太大。而我们需要做的就是让两者的距离缩小，相互能够理解彼此在时间观念上的不同，并以此达成某种妥协，尽量让两个时钟走在同一个时间点上。

津巴多是美国著名心理学家、社会学家，他对人们时间感知的差异性做了全面的研究，得出以下结论：大多数人对于时间的感知都是通过过去、现在和未来不同坐标来定位的。但是如果有人太偏重于用某一个时间坐标来感知时间，那么他的世界观必然会受到局限。一个人如果可以在三种不同的时间坐标参照中保持平衡，那么这样的人也自然会充分地享受生活，从而适应社会发展的步伐。

所以，我们不能站在一个时间的参照点上理解时间，要知道，从不同视角透过玻璃看水面上的一个点会呈现出不同的效果。我们要做的就是将眼睛放在水面、杯子两点连成的一条平面直线上观察目标。对于时间也是如此，我们要想正确把握时间，就要抛开拖延时钟，也不要急于追赶时间，而是要参照过去、现在和未来，正确地定位时间，这样才能把握好时间，不做时间的拖延者。

每天都在心动，却总是没有行动

很多人总是习惯于做事向后拖延一步。他们总是要找到很多借口、很多理由，或是因为外界环境太恶劣，或是因为自身准备不充分，或是还没等到行动的大好时机，总而言之，就是要继续心安理得地享受着平静和安逸。可是，安逸久了会让人产生惰性，即便真的准备好了、条件成熟了、时机来临了，他们依旧不愿意采取行动，依旧享受着安逸之后的又一个安逸。直到失败结果降临那一天，他们才真正体会到因拖延而带来的悔恨。

有一条人生失败的教训不能不为我们所铭记：总是心动的时候多，行动的时候少。你想成为一名健身达人，却总是告诉自己等天气好一点再开始锻炼；你想考取注册会计师的资格，却总是告诉自己等明年复习得充分一点再报名考试；你想创业开一家自己的店，却总是告诉自己等心情好一点、头脑清楚一点再开始自己的计划；你想给父母和家人更多的呵护和关爱，却总是告诉自己等钱挣得足够多再去考虑让他们过上更好的生活。

人生中很多大好的时光和机遇，就在这样无休止的等待中被错过。天上不会自己掉馅饼，世间的很多成就不是要等到万事俱备以后才有采取行动的理由，如果真是那样，为理想而拼搏也就没什么特别的意义了。做事之前计划周详能够减少出错的概率，但这不能成为一个人畏首畏尾、瞻前顾后的借口，如果不能果断采取行动，再完美的计划和目标也永远都是空想和纸上谈兵。

在美国南北战争时期，西点军校的高才生麦克莱伦将军被誉为“小拿破仑”。可他在与南方军交战中迟迟无法取得实质性突破，一时间成为笑柄。

他总是抱怨装备不够精良，抱怨没有足够的时间训练士兵，总向总统提出各种各样的要求和条件。可当拥有了这一切时，他依旧以准备不充分为理由拒绝向敌方发起进攻，或是过分谨慎不肯追击敌人而错过许多取胜机会。

在一次非常关键的战役中，他因为犹豫不决、举棋不定，在军队人数是对方两倍的情况下，错过了全歼敌军的机会，使战争不得不多持续了三年，因此而造成不必要的人员伤亡和财产损失不计其数。总统最终对他失去了耐心，解除了他的军职。

有人这样评价麦克莱伦：“有一种超越任何人想象的惰性，只有阿基米德的杠杆才能撬动这个巨大的静止。”

拖延会导致战争失败，也会让我们的人生一无所获。很多人总是抱怨自己情绪不好、状态不佳、时运不济，总想把今天该努力的事拖到明天再说。明日复明日，明日何其多。时间对我们每一个人来说都是有限的，我们拖延越多的时间，就会浪费越多宝贵的机会。更何况，成功本就不是唾手可得的，真等到一切都准备好了，别人或许早就先行一步，哪里还轮得上你。

很多人虽然有着雄心壮志，到头来却一事无成，就是因为他们一直在拖延，将所有的好时光都消耗殆尽。那些真正能取得成功的人，往往都懂得行动胜于一切的道理。

香港首富李嘉诚一直是一位日理万机的精明商人。他的办公桌非常整洁，陈设也非常简单，桌面上甚至连一页纸都没有，这是因为他始终秉持着"今日事今日毕"的做事原则。

不仅如此，他还把这个原则作为管理企业员工的信条。在他看来，人要是有了拖延的恶行，进取心就会随之减少。在通往成功道路上，每拖延一秒钟都是重大的错过。

无独有偶，美孚公司是世界500强之一，在公司高层的办公室，都挂着一个写有"绝不拖延"字样的白板。"绝不拖延"是这家公司的行为准则。在他们看来，避免拖延的唯一方法就是随时行动，因为没人会为你的拖延承担后果和损失，每一名员工都不能拖延哪怕半秒钟时间。

人有时就要有豁出去的精神，不管未来结果怎样，倾尽全力把眼前的事情做好。也许在取得成功之前，我们不得不放弃舒适安逸的生活，要进行很多枯燥乏味的努力，甚至忍受很多挫折和坎坷带来的煎熬，但这也正是人生奋斗的意义所在。正如卡耐基说的那样："没成功之前要做与成功有关的事情，成功之后才可以做自己喜欢的事！”

美国著名政治家本杰明·富兰克林说：“千万不要把今天能做的事留到明天。”拖延，往往源自对失败的恐惧。但如果你已经确定了你的目标，就把这种恐惧暂时丢弃，全身心地准备放手一搏。等待和逃避不会迎来成功的眷顾，赶快行动、绝不拖延才是你明智的选择。

解决拖延症，先要摒弃消极的拖延思维

现代社会，很多人，尤其是年轻人，拖延症已经成为他们中间的高发病症，具体表现为做事拖拖拉拉、怕接受工作任务，甚至经常到最后一刻才开始执行等。对于每个人来说，拖延的习惯都会影响到我们做事的效率，无论在职场上还是在学习上，都会留给别人懒散的印象。那么，如何克服这样的坏毛病呢?

我们都知道，人的思维指导行动，对于拖延者来说，他们之所以做事懒散、行动拖拉，多数情况下是拖延思维导致的。在他们的内心，常常有这样的声音：“再等会儿去做也没关系。”“大家都还没动手呢，我不必着急。”“太难了，实在找不到办法。”很明显，这些都是拖延思维，对我们

的行动给予的是负面的暗示作用。

可见，如果你经常为自己的拖延行动找借口，那么，很可能是因为拖延思维的影响。要解决拖延症，你首先要做的就是消除拖延思维。要知道，任何人都不可能帮助你改变现状，能拯救你的只有你自己。

古希腊神话中有一个西西弗斯的故事很能说明这个问题。西西弗斯因触犯了天庭之法，被惩罚到人间受苦。他每天必须推一块石头上山，当他将石头推上山顶回家休息时，石头又自动滚下来，于是西西弗斯第二天又得去推。这是天神想让他在“永无止境的失败”中遭受惩罚，以此来折磨他的心灵。

可是，西西弗斯偏偏不吃这一套，他不认为这就是受苦受难的命运安排。他一心想，推石头上山是我的责任，至于石头是否滚下来，不是我的失败。因此，他心中始终平静异常，从不丧失信心，始终不放弃自己的职责，每天都满怀希望。天神见折磨西西弗斯心灵的企图无法奏效，只好放他回了天庭。

用这个故事对照现实生活，我们可以得到有益的启示：“人必自助而后天助。”若连自己都不愿帮助自己，还有谁会帮助你呢？在逐渐改正拖延习惯的过程中，我们必须始终激励自己，相信自己能做到，那么，我们就能做到。

通常来说，拖延思维是消极思维的一种。如果我们不摒弃拖延思维，那么，只能无止境地拖延下去。事实上，我们在做事的过程中，总是会遇到一些困难，此时，我们需要调节和控制自己的心态，鼓励自己，这样可以给自己精神动力。

我们来看推销之神——乔·吉拉德是如何说的。

“我认为所谓的自我管理，首先就是苛求自己。我把一个星期的工作计划分为上午和下午两部分，把要走访的地方六等分。星期一走访葛饰区立石路的1~100号街，星期二走访第101~200号街，星期三……这样一个星期以后，就转完了我所负责的整个地段。我一直把这种做法作为绝对的、至高无上的命令来执行。所谓硬闯和推销管理工作，都安排在每天下午去做。上午专做接洽生意或类似接洽生意的工作，从下午4点起，做交谈、修车等工作。我的工作计划大体就是如此，并坚决执行——这就是我的推销计划，也就是自我管理。

“参加工作的第一年，往往都是我一个人在街道上转来转去，非常难受又寂寞，有时也深感推销工作之痛苦。可是，每逢这时，我就勉励自己，自己痛苦的时候别人也痛苦。说老实话，我想如果推销工作是一帆风顺的，也就无所谓自我管理了。自我管理这个问题之所以受到重视，是因为任何人都不能随心所欲地去做事情，因为今天一去不返，人们才要求这么严格。我也经常有精神不振的时候，遇到这种情况，就一定在星期天去登山。当我一步一步地克服了前进中的困难而登到山巅时，那种激动的心情简直就和接受订货、交出汽车时的激动心情完全一样。”

从这两段话中，我们发现，克服拖延症其实就是一种自我管理，它和做其他事一样，假如不存在困难，也就体会不到成功时的快乐，以这样的信念激励自己，能帮助我们克服很多负面心理。

总之，任何一个希望解决拖延症的人，都应该摒弃消极的拖延思维，始终相信自己能做到自控和立即执行，以这样的信念引导自己去做事，相信一定能有所收获。

从现在开始，既然要做就别拖到明天

思考一下，我们在工作中是否有这样的习惯——本来这件事情应该今天做，但打开电脑，正准备做的时候，忽然内心另一个声音告诉自己，今天这么累了，放在明天做吧，结果，你就听从了这个声音，关闭电脑，去开始自己休闲的生活。我们的生活中有很多这样的时候，许多重要的事情，不是没有想到，而是没有立刻去做。我们总是找到各种借口和理由，去拖延，去逃避责任。我们总是想着“有空再做，明天做、以后做”“再等一会儿”“再研究（商量）一下”，都是在为拖延找借口。要想真正解决问题，只有一个方法——马上行动，一分钟也不要推迟。

有时候即使只是推迟一分钟，好事就会变成坏事。实际上，职场中，每个人都有拖延的坏习惯，只是拖延程度不同而已。但是，优秀员工会将这种冲动扼杀在摇篮里，他们时刻提醒自己“绝不拖延，立即行动”。

一个工作效率高的人，其秘诀就是该解决的问题立即解决，绝不拖延一分钟。问题的积累是因为拖延的坏习惯，面对着日趋增多的工作，不知道从哪里下手，最终的结果会更为严重。

因此，我们必须记住，在工作中，每一分钟都非常重要。拖延时间，只会使我们在“现在”这个时期更加懦弱，并期待于幻想。也就是说，我们总是想着事情能往好的方向发展，但始终都不能取得成功。而且，有拖延心理的人心情总是不愉快，总觉得疲乏，因为应做而未做的事总是给他压迫感，拖延一分钟并不能节省时间和精力，相反，它会使你心力交瘁，甚至失去工作机会。

我的朋友孙浩是一家知名广告公司的文案策划，他的策划文案总是很有创意，这让老板对他格外器重。一次，老板将新签约的一家大客户的广告策划案交给他来完成，并告诉他最迟在月底完成。孙浩接过任务，心想还有半个月时间，不用着急开始，他有充分的自信可以在规定时间之内完成。

于是，他每天不急不慌地浏览网页、看看报纸、聊聊天，想着等到最后几天开始做一样可以完成，不必这么着急。

当孙浩玩得差不多，准备开始工作了，却被老板叫去参加一个广告学习研讨会，耽误了整整一天的时间。他还是不着急，想着第二天再开始做吧。

可是他没想到，第二天公司电脑集体中毒，全部拿去电脑公司维修，又耽误了一天。没办法，孙浩找借口向老板多要了一天，下班后自己再回家赶夜车，匆匆写出一份策划方案交了上去。

由于策划方案写得仓促，几乎没有什么新意，客户又催得急，连修改的时间都没有，最后导致客户不太满意策划方案，公司为此赔偿了客户很多钱。虽然孙浩很有创意，但是讲究原则、办事严谨的老板，还是将他辞退了。

员工一定要在规定期限内完成工作，绝不能有拖拖拉拉的情况。优秀的员工不仅能守时，而且他们深知，在所有老板的心目中，最佳的开始时间是现在，最理想的任务完成日期是今天。

约翰·丹尼斯先生曾说："拖延时间常常是少数员工逃避现实、自欺欺人的表现。然而，无论我们是否在拖延时间，我们的工作都必须由我们自己去完成。通过暂时逃避现实，从暂时的遗忘中获得片刻的轻松，这并不是根本的解决之道。要知道，因为拖延或者其他因素而导致工作业绩下滑的员下，就是公司裁员的对象。”

但是，现实中就是有着那么一种规避责任的人，他们总是消极地对待工作，做事拖沓，效率很低，也不愿意参与竞争。

小李是某咨询公司经理，同时兼任很多公司的顾问，一次，他与某大型企业高级经理一起研究企业组织结构再造的问题。在立项初期，该公司各项准备工作都做得不错：识别、确定关键问题，确立目标，形成策略，起草计划，一步一步都做得很好，小李看到他们的方案后也很满意，于是他放心地离开了该公司。

但是令人失望的是，6个月后当小李再回到那个企业，想看看有什么变化，他们的方案能否解决问题时，他看到的还是以前的面貌。从总裁到工人，没有一个人按计划行事，问及原因，经理们解释“太忙，其他事情插上来了”“与其他人接触不上”“碰上了麻烦，计划搁置了”。小李不禁摇头苦笑，对经理们说：“其实，这些都不是原因，真正的原因是你们的工作惰性。如果你们抓紧时间，立项之后立即付诸行动，相信现在绝不会是这样的状况。”

一家大公司居然如此，可见不能将责任落实有多么大的危害。或许产生这种现象的原因，与企业管理方式有关，除去这个原因，放在个人层面上，其实就是拖延惹的祸，换句话说，就是拖延捆住了员工的手脚。因此，每个员工要在责任的落实过程中保持高效率，不要拖延，这样才能为公司创造业绩，这也是自己成功的基础。

我上大学时有两个室友——阿辉、阿城。当我们大学毕业以后，他们两个同时被一家公司聘为产品工艺设计员。起初，公司给他们的月薪是很低的。

阿辉对低薪感到愤愤不平，为此，他经常抱怨、推卸责任，还在工作时间和同事聊天，根本没有把工作的事情放在心上。

渐渐地，他养成了拖拉的坏习惯，办事效率极为低下。要他星期一早上交的方案，到星期二早上依然尚未做完，经理批评他，他带着情绪工作，把方案做得一塌糊涂。再后来，阿辉根本没想着怎么把工作做好，而是一味地推卸责任。

阿城则不同，他虽然对低薪也感到不满，但他并未一味地去抱怨、闹情绪，他坚信，机会来自汗水，一分耕耘一分收获，只有今天的努力，才能换来明天的收获；机会随时都在你身边；主动负责，实际上就是主动抓住机会。他下车间，熟悉工作流程，他的勤奋努力引起了厂长的注意，不久，阿城就被提拔为厂长助理。而阿辉因为对工作总是一拖再拖，最后被公司解雇了。

担任厂长助理一职后，阿城并没有因此止步不前，依然是兢兢业业地做好自己分内的工作，他总是能在第一时间完成自己的工作；一些重要的、紧急的、需要决策的事情，他会及时向厂长汇报，并督促各部门坚持及时把工作做好、做到位。在阿城的组织管理和协调下，公司的生产效率得到极大的提高。

一个拖延，一个高效，导致两个人的结果不同。社会学家库尔特·卢因曾经提出这样一个概念，叫作“力量分析”。他描述了阻力和动力两种力量。他说，有些人一生就是因为拖延的坏习惯束缚住了前进的手脚；有的人则是一路踩着油门呼啸前进，比如始终保持积极的心态和勇于负责的精神。可以说，他的这一分析同样适合于工作。如果你希望自己在职场中能更好地生存和发展，你就应该把你的脚从刹车板——拖延上挪开，而在规定的时间内把你应该做的工作尽心尽力做好。

Part 6 自控力源自内心，让内心保持平和的心态

你的幸福，是否常常在别人的眼里

每个人的生活都有着自己的剧情，都有着独特的精彩。我们之所以觉得不幸福，就是因为我们总是在羡慕别人，总是觉得别人的生活才是自己真正想要的。当你以仰望的姿态，去垂涎不属于你的幸福时，不仅察觉不到别人也有苦涩的一面，更无法体味到那些你正在拥有的甜蜜与美满。

著名诗人卞之琳在《断章》中这样写道："我站在桥上看风景，看风景的人在楼上看你。明月装饰了你的窗子，你装饰了别人的梦。"人可以看风景，也可以成为风景；人可以看见明月装饰了自己的窗子，也可能毫无察觉地成了别人梦境的装饰。

不同的人生可以相互装饰，不同的生活可以相互点缀。我们总是在羡慕别人，却忘记了我们自己也会是别人羡慕的对象。那些因为紧盯着别人而被

忽视的所有，也可能就是为别人所羡慕不已和梦寐以求的。

男人抱怨说，下辈子要做女人，可以不用出去打拼；女人抱怨说，下辈子要做男人，可以不用照顾家庭。普通人羡慕明星富豪，可以住别墅、开豪车，可以在聚光灯下光彩夺目；明星富豪又会羡慕那些平凡的人，可以过自己想要的生活，每天都能睡一个安稳觉。

殊不知，每个人都有自己的缺憾、苦涩和辛酸，而我们所羡慕的往往都是别人光鲜的一面。假如有一天你真的能够成为那些让你羡慕的人，或许你就会发现，他们身上曾经让你眼红的东西其实并没有想象中美好。

有一部4分钟的网络短片，在YouTube上点击量突破千万，有的网友甚至说这部短片彻底改变了他的人生态度。

一个衣衫褴褛的棕发小男孩儿，穿着一双已经露出脚趾的破旧鞋子。他因此遭到了周围人嘲笑："这也算是鞋子？从哪捡来的？""一定是垃圾箱吧！"

别人的嘲笑让小男孩儿羞愧不已。他默默地来到公园里，发现长椅上正坐着一个衣着光鲜的小男孩儿，脚上穿着一双高档的新球鞋。他低头看了看自己从鞋子里露出的半个脚掌，自尊心又一次受到伤害，于是找到一棵大树，在树下坐了下来。

他脱掉鞋子，将它们套在手上，像是在操纵着两个手偶一样，自言自语地说："为什么我们会这样，这不公平！"

"我知道，可是，我们什么也改变不了！"

"我不想像现在这样，我希望能像他一样！"

小男孩闭上眼睛，心中反复地默念着："我想像他一样，我想像他一样……”

也许是上帝听到了他的心声，奇迹真的发生了。当他重新睁开眼时，他和那个拥有新球鞋的小男孩竟然互换了身份——此时的他正坐在长椅上，脚上穿着一双崭新的高档球鞋。

正当他为美梦成真而喜出望外的时候，一个老者推着一辆轮椅来到他身旁，亲切而略带忧伤地说：“亲爱的，你准备好出去玩了吗？”原来，那个拥有新球鞋的小男孩双腿残疾，只能靠着别人的帮助才能出行。此时，他后悔不已，可一切都已经迟了。

而在不远处，另外那个男孩虽然穿着破球鞋，却在兴奋地奔跑着、欢笑着……

小男孩的遭遇证明，再普通的人也有着足以让别人羡慕的资本，只是自己没有发现而已。当小男孩为自己破旧的鞋而沮丧时，有人正把行走当成一种奢望。而当他最后失去了健全身体和生活自由时，一双完美的新球鞋又能有什么意义？

幸福如水，冷暖自知。我们不要去羡慕别人的生活，珍惜眼前的一切，过好自己的生活才是重中之重。

非洲有很多优秀长跑运动员，包括哈利默父子。

在哈利默成名之前，他们生活得非常清苦。在其他国家的帮助下，他们家乡的很多人种起了庄稼或是做起了矿产生意，生活都得到了很大改善。可是，哈利默父子却依旧过着贫寒的生活。在数年时间里，父亲一直带着儿子专心练习长跑。

尽管有很多人对父子俩说三道四，可他们不为所动，更不会去羡慕别人的生活，而是依旧执着于自己的梦想。后来，小哈利默果然成为一名优秀的长跑运动员，先后在非洲锦标赛和世界锦标赛上夺魁。当小哈利默出现在电视屏幕上的时候，那些曾经看不起他们的人都羡慕不已。

小哈利默在总结成功经验时说，他之所以能够取得成功，就是因为他和父亲从来没有理会过别人优越的生活，他们始终在努力做好自己的事。

羡慕别人往往是期待更加完美，期待自己的生活可以变得更好，但是不管我们如何努力，别人的生活我们永远无法效仿。我们有着自己的境遇，有着自己的生活，按照我们特有的方式就足以创造出炫眼夺目的辉煌，何必去羡慕别人？

台湾漫画家几米说过这样一段话：“一个人总是仰望和羡慕着别人的幸福，一回头，却发现自己正被仰望和羡慕着。其实每个人都是幸福的，只是，你的幸福，常常在别人的眼里。”你并非不幸福，只是你永远活在别人的阴影里。当你勇敢地不再去羡慕别人时，生活中的那些美好也就会如期而至。

内心的平静，源自强大的自信

世界上没有一件事是“可能”的，也没有一件事是“不可能”的，事情一开始谁都不知道结果怎样。“李宁”广告词说得好：“一切皆有可能。”即使我们真的碰到了“不可能”，也只是暂时没有找到解决问题的方法而已。

人人都希望自己有一个成功的人生，但大多拥有负面情绪的人心里却持着这样一个信念，“大多数人是不可能成功的，成功是少数人的专利”，并且敏感的人总爱把自己归为大多数人中。

仔细思考一下，你也在其中之列，你也这么认为吗？

如果真是这样，你的内心已经被负面情绪占据，你怀疑自己的能力，甚至怀疑自己根本没有能力去实现，“不可能”便成了你为各种障碍所找到的“合理”解释，结果导致内心孱弱无力，即使你真有能力也可能不行。

难道真如我们所认为的，成功是“不可能”的吗？事实上，是决心而不是环境在决定我们的成败。成王败寇，完全取决于你自己。思想大师爱默生说得好：“相信自己‘能’，便攻无不克。”

决心决定态度。

态度决定行为。

行为决定结果。

的确，不管在怎样的境况下，愿意相信自己“能”，始终相信自己是一个成功者、认定自己是赢家、从来都不怀疑自己的人，他们在不经意间给自己注入一针强心剂，最终，让心愿得偿。

在1954年之前，人人都认为4分钟跑完6英里根本就是不可能的事情，但英国选手罗杰·巴尼斯特却创造了新的纪录。这个“不可能”的魔咒是怎么被他打破的呢？就是因为他总是默默地对自己说：“是的，我能！”

瑞典人根德尔·哈格曾经在1945年跑出4分01秒04的“极限”成绩，此后8年没人能够打破这一纪录。在这沉寂的8年中，就读于牛津医学院的巴尼斯特发誓要突破4分钟极限。尽管遭到了别人“不可能”的否定，但巴尼斯特时常这样告诉自己：“是的，我能！”他独自坚持训练着，风雨无阻。

终于，在1954年5月6日，巴尼斯特打破了这个“极限”。当他打破这一纪录时，现场的解说员这样说道：“世界纪录诞生了，3分59秒04，巴尼斯特创造了人类壮举，成为人类突破自身极限的永恒象征。”

那天晚上，巴尼斯特出现在伦敦电视台。对于自己的成就，他淡然地说：“人类的精神就是永不服输的精神，我深信自己能够打破这个纪录，并不断地这样暗示自己，久而久之便形成了极为强烈的信念，最终突破了这个‘不可能’。”

因为始终相信自己，经常用“是的，我能”提醒自己，巴尼斯特不畏惧困难，艰苦训练，最终成功打破了世界纪录，赢得了众人的尊重和欣赏。人生如此，该是何等的洒脱、何等的惬意。

“意焦”这个词是心理学上的一个专业术语，意思就是注意的焦点。如果我们把注意力多放在“可能”上，我们会想尽一切办法解决困难，而不是“找借口”，从而取得成功。

瑞恩·希里杰克是加拿大一个普通的男孩，一天，这个一年级的小学生听老师讲述了非洲的生活状况：因为贫穷，大多数非洲的孩子没有玩具，他们的童年是在缺少食品、缺少洁净的饮水中度过的，更有甚者因为长期饮用不洁净的水而死去……一放学，他就迫不及待地冲进家，对妈妈说："70加元就能帮非洲人打一口井，妈妈，您能给我70加元吗？"

"不，瑞恩，70加元太多了。"妈妈告诉他，"我们家没有这个负担能力。"妈妈期待瑞恩会慢慢淡忘这件事，但他每天睡觉前都祈祷能让非洲人喝上洁净的水。无奈之下，妈妈让瑞恩在承担正常家务之外自己挣钱，吸两小时地毯挣2加元，帮家里擦玻璃赚2加元，帮邻居捡暴风雪后落下的树枝……

4个月后，瑞恩终于攒够了70加元交给相关慈善机构，然而对方告诉他：挖一口井要2000加元，70加元只够买一个水泵。妈妈叹了口气，对瑞恩说："靠干家务怎能赚那么多钱呢，孩子，你已经尽力了，但你真的不能改变什么。"

"不，我能，"瑞恩态度坚决地说道，"只要每个人都做出努力，就能够改变世界。"瑞恩思虑再三，决定找同学们帮忙，他在讲桌上放了一只水罐，让大家把自己节省下来的零钱放进去，他还请求妈妈给家人和朋友发电子邮件，很快便有人回信了："我很感动，我想捐一些钱帮助瑞恩。"不久后，瑞恩的故事就被刊登在肯普特维尔的《前进报》上，题目就叫《瑞恩的井》。

就这样，瑞恩的事迹在加拿大广为传颂，受瑞恩的影响，人们纷纷加入"为非洲孩子挖一口水井"的活动中。5年过去了，这个梦想竟成为千百人的一项事业，因此，在缺水最严重的非洲乌干达地区，超过半数的人已经能喝上洁净的水了，为此，媒体称这个普通的男孩瑞恩为“加拿大的灵魂”。

因此，在做事情之前，我们一定要把“不可能”这种消极的心理暗示抛弃，利用“是的，我能！”的暗示，反复激发自己的信心，将意焦集中在“可能”上，思考自己是否真的想尽了一切办法、穷尽了一切可能。

需要指出的是，“是的，我能！”不是自信心爆棚的表现，更不是不切合实际的盲目乐观，这是一种激励自我战胜困难的表现，从而保证自己以高昂的斗志迎接各种困难和挑战。

你想战胜内心的负面情绪吗？你想拥有无比强大的内力吗？你想取得辉煌的成就吗？那就在心里多念几次“是的，我能！”，将之运用到实际生活和工作中，你会发现，你也可以成为内心强大的人，成功没有什么不可能。

在内心建一个平静的港湾，停泊暂避风雨之舟

人生是多种多样的，每个人都有自己的活法，但是，归结起来，无非也就两种：一是活得累，二是活得潇洒。在人生的旅途中，可能随时会发生各

种不顺心的事情，高考失利、下岗失业、晋升无望、怀才不遇、生意翻船、家庭分裂，等等。这种种坎坷都会因为主观愿望与客观现实的矛盾而引起强烈的心理情绪波动，甚至导致心态失衡。在这样的情况下，有的人不择手段，铤而走险；有的人满腹牢骚，咒天骂地，甚至抨击一切……这都是活得累的人。

另外一些人则平心静气，理智地看待困难、挫折和痛苦，用积极的态度寻找治疗自己苦闷的良方。他们随遇而安，顺应自然，环境再怎么恶劣，他们也都不放在心上，而是专心于自己的工作和生活。这些都是哲人，是活得潇洒的人。

老子曾说："人法地，地法天，天法道，道法自然。"世界上最大的法则是自然法则，人的法则其实是最小的。所以，顺其自然才是人类的生存之道。

万物的枯荣有其规律，花儿不会永远开放，树叶不会永远青翠，就连月亮也不会永远盈满。它们都必须遵循自然的法则。自然的法则是博大的，也是残酷的，茂盛也好，枯萎也罢，随着时间的流逝，终究是要消失的。而在现实生活中，人的外貌、权力、财富、名誉都不过是过眼烟云，人应该学会顺其自然地活着，如果刻意追求反而会被其所累，最终迷失自己，陷入无尽的烦恼之中。

在生活中，能够顺其自然的人，一定是豁达的、开朗的，我们应该也必须让自己豁达些，因为豁达才不至于钻入牛角尖，才能乐观进取。我们还要让自己开朗些，因为开朗才有可能把快乐带给别人，让生活中的气氛更加愉悦。

在一座寺庙中，后院的草地都枯萎了，显得很荒凉。小和尚对师父说：“师父，我们赶紧买些草籽种上吧。”

师父说：“不用着急，等什么时候有时间了，我再去买一些草籽。任何时候都能播种，着急有什么用呢？随时！”

到了中秋的时候，师父把草籽买了回来，交给小和尚，对他说：“去吧，把草籽撒在地上。”天上起风了，小和尚一边撒，草籽一边飘。

“不好，许多草籽都被吹走了！”小和尚说。

师父说：“没关系，吹走的多半是空的，撒下去也发不了芽。没什么可担心的。随性！”

草籽撒上了，许多麻雀飞来，在地上专挑饱满的草籽吃。小和尚看见了，惊慌地说：“师父，不好了，草籽都被麻雀吃了！这片地再也长不出小草了。”

师父说：“没关系，草籽够多，麻雀是吃不完的。明年这里一定会有小草的。随遇！”

夜里下起了大雨，小和尚久久不能入睡，担心草籽会被雨水冲到别的地方。第二天，雨停了，小和尚跑出去一看，很多草籽都被冲走了。于是他马上跑进师父的禅房说：“师父，草籽被冲走了，长不出小草了。这可怎么办啊？”

师父不慌不忙地说：“草籽被冲到哪里就在哪里发芽，不用着急。随缘！”

没过多久，后院的角落里居然长出了许多青翠的小草。小和尚高兴地对师父说：“师父，太好了，我种的草长出来了！”

师父点点头说：“随喜！”

小和尚的师父是一位懂得人生乐趣的人。凡事顺其自然，不刻意强求，反倒能有一番收获。“随时、随性、随遇、随缘、随喜”，简单的10个字，却道出了人生的大智慧。如果一切自然随意，那么人生还会有太多的东西让你寝食难安、愁眉不展吗？生活中有许多的不如意，我们都为自己周围的客观条件所限制，无法改变，此时就不妨顺其自然、随遇而安，这样你也可以找到心灵的一份宁静与快乐！

日本有一位禅师，法号白隐。他不仅道行高深，而且生活朴素，具有很好的名声，深受当地百姓的敬仰与称颂。

白隐禅师所在的寺院附近住着一户人家，家里有一个非常漂亮的女儿。有一天，夫妻俩发现女儿怀孕了，认为好端端的一个黄花闺女，竟做出这种见不得人的事，实在是家门的耻辱。夫妻二人不断逼问女儿那个男人是谁，女儿怯怯地说出了白隐禅师的名字。

夫妻二人来到白隐禅师的住处，狠狠地将他痛骂了一顿，骂他不守清规戒律，败坏道德。可是，白隐并没有生气，只是若无其事地说了一句：“是这样吗？”

等孩子出生后，那位姑娘的父母就将孩子送给了白隐禅师，让他抚养。这件事给白隐禅师带来了很大的负面影响，几乎使他名声扫地。但他并没有因此放弃孩子，而是悉心照料孩子，四处乞求婴儿所需要的奶水和其他用品。即便多次遭到别人的白眼和羞辱，但他总是泰然处之。

在白隐禅师的细心呵护下，婴儿渐渐地长大了，成为一个非常可爱的小孩。孩子的妈妈再也忍受不了良心的谴责，于是就把实情告诉了父母——孩子的父亲另有其人。她的父母非常惊讶，立即带着她来到寺院，向白隐禅师道歉，请求原谅。

可是，白隐禅师还是像当初那样，不温不火，淡然如水，更没有趁机抱怨他们，只是轻轻说了一句："是这样吗？"

在生活中，我们也常常会被人误会或是指责，如果你去解释或还击，往往会把事情越闹越大，不如向白隐禅师学习，不去争辩，不去理会，顺其自然，这往往是最好的解决办法。佛学中讲，不要用抗争的心态来面对这个世界。凡事以对立的心态对待，唠叨抱怨就不会停止，如此便难以用宽容的心来看待和接受他人的不同见解，就很难活得快乐。宠辱不惊，得失无意，凡事只要自然就好，不需要在意更多的外在形式，这样便可以获得身心的安宁、惬意、舒适与安逸，幸福的生活也会随之而来。

人生总是充满了痛苦与无奈，当我们应得的利益被夺去，当我们与别人因为见解不同而产生冲突，彼此不能和谐相处的时候，种种无法由自己主宰的苦恼，使我们终日生活在患得患失之中。而我们就难免抱怨，就会感到不快乐。此时，我们应该用随遇而安、顺其自然的生活态度去自然地生活。就让我们在自己的内心建立一个安宁平静的港湾，来停泊暂避风雨的生命之舟吧。

面对不可进时，懂得后退一步

面对同样的事，为什么有的人能够应付自如，轻松潇洒，而自己总是力不从心，屡屡受挫?

其实，那些活得轻松自如、洒脱淡定的人，并非是由于他们的无可挑剔而有如此成就，而是由于他们能够把握得住“进退”的界限。当面临“不可进”的情形时，他们懂得退后一步，然后再换一个角度想办法让自己前进。这样一来，成功就不那么复杂和困难，而我们的人生也不必如此纠结了。

一位登山运动员参加了攀登世界第一高峰——珠穆朗玛峰的活动。我们知道，珠峰最高海拔为8000多米，但这位运动员在爬到6000多米的时候，因为身体出现不适而放弃了攀爬。

面对快要登顶的他，很多朋友都为其深表遗憾，这个说：“哎呀，你都已经走了四分之三的路程了，为什么要放弃呢？”那个说：“如果能咬紧牙关挺住，再坚持一下，或许也就上去了。要知道，有多少人梦寐以求站在珠穆朗玛峰上啊！”

面对众人投来的惋惜之情，这位运动员却不以为然，他平静地对大家说：“其实，我心里很清楚，6000多米对我来讲已经是我登山生涯的最高点，根据我当时的身体状况，那已经是极限了。如果我继续爬，那么很可能会丧失性命。难道我会和自己的生命开玩笑吗？所以，对于中途退却，我一点都没有感到遗憾。”

这位运动员的话确实很有道理，而他的做法也值得我们学习。当我们到达一定程度，无法再前进，或者再往前走很可能会让自己惨不忍睹的话，不妨退一步，这才是明智的选择！

换句话说，每个人每件事或许都存在一定的极限，我们不能掰着柳树要枣吃，也不能明知山有虎偏向虎山行。虽说突破自我很有必要，但是这种突破并不是建立在鲁莽和无知基础之上的。美国总统林肯曾经说过这样一句话："自然界里的喷泉，其喷发的高度不会超过它的源头。"这句话的意思就是，事物本身存在着突破口，但并非任何人都能够穿过突破口，创造极限。也就是说，每个人都有最大的承受能力。像案例中的这位年轻人，他懂得自己的生命所能承受的极限，因此淡然自若地做自己能做的事。这样做，谁又能说他不是一位胜利者呢！

"当行则行，当止则止"，要告诫我们的正是这样一个道理。

聪明的做法是，我们要及时了解自己的能力，承认自己的不足。在此基础上，我们才能做到量力而行，不莽撞，不遗憾。

幼年时期的格里格·洛加尼斯是一个十分害羞的男孩，又因为他说话有些口吃，所以在阅读与讲话方面不尽如人意，一度被归为学习最差学生的行列。

不过，洛加尼斯是一个很聪明的孩子，小学没毕业的时候，他就发现自己在运动方面强于他人，而这是他特有的天赋使然。认清这点后，洛加尼斯减轻了些自责，并开始专注于舞蹈、杂技、体操和跳水方面的锻炼，由于自身的天赋和努力，洛加尼斯果然开始在各种体育比赛中崭露头角。

可是，升入中学后，洛加尼斯发现自己有些力不从心，因为无论是舞蹈、杂技、体操、跳水，都需要辛勤的付出，他不可能有这么多时间和精力去做这么多事，他常常感到力不从心，而且这些事情自己仅仅能做到差不多，离优秀还有一段距离。

后来，在恩师乔恩——前奥运会跳水冠军的指点下，洛加尼斯认识到自己在跳水方面更有天赋，便接受了跳水专业训练。

经过长期的努力，洛加尼斯终于在跳水方面取得骄人的成就：16岁成为美国奥运会代表团成员，28岁时已获得6个世界冠军、3枚奥运会奖牌、3个世界奖杯和许多其他奖项；1987年作为世界最佳运动员获得欧文斯奖，达到了一个运动员荣誉的顶峰。

很为洛加尼斯感到庆幸，他没有一味地在某一个方面和自己较劲，而是选择了另辟蹊径的做法。不难想象，如果在学习上与别人竞争，那么到现在他或许也只是个普普通通的人。因此，我们说，洛加尼斯是幸运的，而他的幸运是建立在自己懂得取舍、懂得退让的基础之上的。

由此可见，无论我们身在职场，还是驰骋商界，都不要认死理，适当地退一步，或许就能看到别的可以前进的道路，任何时候都不要忘了条条大路通罗马。只要我们能最大限度地发掘自己的长处，那么就能收获内心的充实和坦荡，拥有“非同寻常”的人生之旅，这样的人生才称得上精彩绝伦，不是吗？

以平和心对待他人，就是善待自己

我一直有个愿望，在红尘某处，寻一方净土，惬意地生活。不求名利、不求奢华，只望能安静地生活，淡泊度日，滋润情怀。可以沏一壶茶，从清晨饮到傍晚；可以读一本书，从花开读到花落；可以听一首歌，从青春听到暮年；可以坐在一座老楼前，从春去待到秋来。

从古至今，不论帝王将相，或是普通百姓，都有着各自想要的生活。但每个人想要的不同，就会产生摩擦，有了摩擦，也就有了争执。而我也总有着这样的事情，但每当产生争执时，我总会想起德国古典哲学家康德的一句话："生气，是用别人的错误来惩罚自己。"

人非圣贤，孰能无过，人人都有犯错误的时候，不如意的事情也时有发生，面对这些，是选择用怒火点燃战争，还是选择用冷静解决问题，两者产生的效果是截然不同的。下面这个故事，讲的就是面对矛盾与冲突时，两种完全不同的心态是如何解决问题的。

一天，有一个婆罗门突然闯进了佛陀的住处，原因是同族的人都到佛陀这儿来出家了，这让他非常生气。

婆罗门无理地对着佛陀大骂，而佛陀只是在一旁默默地听着。等婆罗门稍微冷静一些的时候，佛陀才开口说道："婆罗门，你家时常有客人来访吧？客人来的时候，你会款待他吧？"

"当然，你这样问是什么意思？"婆罗门不解地问。

“那假如客人不接受你的款待，那些美味佳肴该如何处理呢？”

“客人不吃，当然是我自己吃了！”

佛陀笑了笑，又说道：“婆罗门，你今天说了我这么多坏话，如果我不接受它，那这些谩骂全都归你自己了。可是，如果我也像你一样恶言相向，岂不是与你主客共餐，所以我不接受这佳肴。”

婆罗门听了佛陀的这番话，觉得很惭愧，于是出家佛陀门下，成为阿罗汉。

对别人生气就像是请客吃饭，如果客人不接受你的款待，这些饭菜就还是你自己的，没有谁会来分担，最后全部都要自己来消化。有时候别人不一定犯了什么错，只是不小心触及了你的利益，然后你就不分青红皂白地把怒火发到别人身上。通情达理的人，也许还能理智地与之解释，若同样是肝火旺盛的人，想必一场口舌之战便难免了。如此，只会让矛盾愈演愈烈，对解决问题没有丝毫帮助。

在面对误会时，应该先从自己身上找原因，首先看看是不是自己的过失，如果是，就要及时改正，如果不是，也不要冲动、动怒，应该找个适当的时机心平气和地与对方解决问题。这样，你不仅在别人眼里是个豁达、大度的人，而且自己的生活也会变得更加轻松、美好。

如今，很多人总是感叹活得太累，似乎每一天都生活在疲惫中。有一位古稀老人却悠闲地微笑着，用不太标准的普通话说：“做一个好人其实很容易，拥有一个幸福的人生其实也很简单：第一是不要拿自己的错误惩罚自己，第二是不要拿自己的错误惩罚别人，第三是不要拿别人的错误惩罚自己。有这么三条，人生就不会太累了。”说完，她笑了笑，用手捋了捋额前的白发，满脸的从容。

道出“人生幸福三诀”的老人名叫张允和。她的丈夫是著名语言学家周有光，她的妹夫是大文豪沈从文。张允和老人在年轻的时候也颠沛流离，也曾死里逃生，而正是人生的苦难与艰辛让她有了这一份豁达与从容。

“不要拿别人的过失惩罚自己”。也许很多人会骄傲地说：“我从来不是这样的人。”其实，不用深究，便可以得出这样的结论：每个人都或多或少地拿别人的错误惩罚过自己。只要是愤怒过、生气过的人，不见得都是出于自己的过错吧！凡是与人斗过嘴、拳脚相向的人，并不见得都是见义勇为吧！如果不是，那都是用别人的错误惩罚自己，甚至是用自己的错误惩罚自己。

所以，遇到问题不要生气，因为生气解决不了问题，开动脑筋才是解决问题最好的方法：受到欺骗也不要生气，应该用理智战胜鲁莽，用智慧让欺骗者得到他该有的惩罚；被人误解也不要生气，可以解释清楚的就解释，解释不起作用，就交给时间和事实去证明；与人争辩事理，也不要生气，一旦生气就证明自己已经败下阵来，真理不会因为谁大声就倒向谁，反而更容易让别人轻易洞察到你的弱点。

央视主持人朱军说过这样一句话：“得意时淡然，失意时坦然！”世界纷繁多变，你或许没有力量改变当前的环境，也没有力量去改变其他人，你唯一可以改变的是你自己，你甚至也无法改变自己的性格，但至少你可以改变自己的态度。

用一颗平和的心对待他人，也就是善待自己，何必拿别人的过失惩罚自己呢？

主动吃些小亏，何必在意眼前的利益

吃亏是一种比较高妙和有远谋的处事方式。主动吃些小亏，可以帮你交到好朋友，帮你得到更大的利益。想请朋友帮你办事，自己首先要吃点儿亏，这样朋友会觉得欠你一个人情，才会更为尽心尽力地为你办事。

吃亏是福。主动吃亏不仅是福，还是一种态度、一种品行、一种风范，更是一种淡然、一种乐观、一种超凡。而被动的吃亏是一种被迫接受的后果，一种不得已而为之。同样是吃亏，却有着很大的区别。

我父亲有一个朋友叫李渊，这个人很仗义，他资助了一个比他小十几岁的学生张博的故事，在我们当地算是很有名，经常被人津津乐道。

李渊初中没上完就辍学开始做生意，开了一家粮油店。他虽然没有多少文化，但善于经营，也很会做人，通晓人情世故，懂得“惠出实及”，常会施一些小恩惠给身边的人。

那一年，张博的父母相继去世了。他想通过自己的努力考上重点大学，然后再考公务员，希望能在仕途上有所发展。但他身边没有什么亲戚朋友，虽然最终考上了大学，却没有学费。这时，李渊无意中知道了这件事，一向乐善好施的他向张博伸出了援手。

后来，李渊宁愿自己受点累、吃点亏，也要用自己辛苦赚来的钱供张博上大学。

张博大学四年的学费、生活费都是李渊资助的。勤奋的张博没有令李渊失望，毕业后通过自己的努力考上了公务员，而李渊仍然做着他的生意。虽然李渊经常受到别人的嘲笑，但他并没有放在心上。

几年后，张博被调到家乡的县城当上了县长。张博拜访李渊，问李渊有何要求，李渊却委婉地拒绝了。

张博是个知恩图报的人，在条件允许的情况下，他让政府食堂和学校食堂的采购与李渊的粮油店签订采购协议。张博相信李渊的人品，也相信采购粮油的质量。李渊在张博的帮助下，生意越来越好，越做越大，他俩的关系也更加亲近。

在你主动吃亏时，你就成了施予者，而对方就成了得到你恩惠的接受者。表面上来看，是你吃了亏，对方得了利益。然而，对方却欠了你一个人情，情感的天平已经向你倾斜，你与对方就有了更深的情谊。

当然，“亏”也不能乱吃，要讲究方式方法。有的人为了相安无事去吃亏，吃暗亏，最后会给自己带来很严重的后果。而且这个亏，我们要吃在明处，要让对方清楚地看到自己为他而付出的努力，只有这样，对方才能铭记你对他的好。

只要留心观察我们的生活，就会发现“主动吃亏”是一个非常有哲学的处世原则。现实中，经常会有那些好贪小便宜的人，最后往往会在大事上吃亏。

主动吃亏可以为你赢得一份深厚的友谊，可以为你寻得一个重要的商机。主动吃亏虽然会失去一些眼前微不足道的东西，却会得到对方的尊重，也会赢得良好的声誉和长远的利益。

能够主动“吃亏”的人最终并不会吃亏，而不愿意“主动吃亏”的人结果却会吃大亏。在人际交往中，多一点“主动吃亏”，你才能赢得对方的信任和情意，对方就会接纳你、信任你、支持你。在以后的交往中，你甚至会得到对方更大的回报和付出。

很多时候，“主动吃亏”是一种福，也是一种大智慧。不管你是做什么的，你主动吃亏，身边的人接受了你的“礼让”，他不仅会全心全意地与你合作，保持良好的人际关系，还会因此对你感激，寻找机会回报你。

在做事情的时候，主动地去承担责任，不去计较眼前的小利益。虽然你吃了些小亏，但你拥有了良好的声誉和口碑。当误会解除之后，对方自然会帮助你，为你付出。

我在北京工作时，认识了一个朋友宋瑞。有次一起吃饭时，他和我说起了几年前他在公司里的事。那时候，宋瑞还只是个公司采购部的职员，当时，他所在部门的经理被提升到总公司任职。因为走得比较仓促，有几笔账目还没有处理清楚，新来的经理把责任推到宋瑞那里，非常严厉地批评了他，并决定扣除宋瑞全年的奖金。

其实，事情的责任并不在宋瑞，是公司的副总委托原来的部门经理办的，当时宋瑞并不知情。宋瑞觉得老经理对自己不错，为他承担点事情也是应该的，所以他没有为自己辩解和争论，很平和地接受了新经理的批评和惩罚。

后来，新经理知道了事情的原委，才知道错怪了宋瑞，他一方面觉得对不住宋瑞，另一方面又对他非常赞赏。

新经理认为宋瑞是一个豁达而有忍耐力的人，只要稍加培养，将来定会有成就。新经理向总公司推荐宋瑞，最终宋瑞成了部门的副经理。

在工作中，当遇到事情时，你主动承担责任，主动吃些小亏，这样一来，你向领导和同事展现了你的豁达、你的忍耐，从而赢得好的声誉，可能还会因此而受到领导的赏识和器重，在你的晋升道路上会成为你的推力。

当你与对方进行合作时，你总愿意主动吃一点亏，自己少得一点，多让一些利给对方，那么对方就愿意与你保持长期合作的关系。因而，你不仅没有吃亏，还会因为你的主动吃亏而得到更大的利益。

当你的生意做得不好时，还主动地让对方多得，自己少得，这就更显示出你的一种气度、一种度量。正是你的这种“主动吃亏”的行为，会让对方对你有好感，并愿意与你继续合作，这样你的生意就会越做越大。

在对方有难的时候，用物质帮助对方，再用真情实意去安慰对方，当时你可能是吃了一些亏，但是，日后对方一旦发达了，必然会加倍地回报你。这都是因你主动吃亏而得来的。

在与人交往时，无论遇到什么事情都主动地吃一些小亏，是很有必要的。比如，在一起吃饭时，主动为对方付钱；在办公室工作时，有什么大家不愿意做的事情，你主动请缨；在大家不愿意加班的时候，你主动替对方加班。

主动吃些小亏，看似是不起眼的小事情，久而久之你就会收获大的回报。因为你的那些小小的付出，别人是看得到的。

牛奶打翻在地，再多的眼泪也无济于事

最近在一本书上看到一句话，感触很深，这是伊森伯格的一句话——人生的小小不幸，可以帮助我们渡过重大的不幸。对这句话感触深，是最近刚好和一个同学见面，这个同学前段时间揽了些工程，挣了点钱，春风得意，最近却因为开发商跑路，他无法给工人支付工资而陷入困境。他以前一直比较顺，所以这一次的打击对他影响很大，使他整天萎靡不振。

我想安慰他，现实生活中，几乎没有人喜欢失败，可惜这个世界没有永远的成功者，换句话说，也不应该有永远的失败者。人生是一场搏斗，谁也不是常胜将军，成功者与失败者的区别在于，前者有面对失败并超越它的勇气和能力，后者正好相反，在失败的沼泽中难以自拔！但这些话我想对他的作用还不如一壶酒，所以也就无法开口。

忽然想起西方有句格言：“不要为打翻牛奶而哭泣。”是啊，牛奶已经打翻在地，再多的哭泣和泪水都是无济于事的！

人生之中有得亦有失，这是不可逃避的定律。人人都会因为失去某种东西而黯然神伤或者倍感遗憾，可是失去就是失去，很有可能意味着永远不再拥有，如果过于执着或者沉溺于感伤之中不能自拔，那么很有可能错过更加美好的东西，更加得不偿失。

切勿为了已经失去的东西而放弃现有的快乐，牛奶已经打翻了，再怎么懊恼和后悔也于事无补，所以过去的事情就让它过去吧，当下的快乐才最重要。

格林夫妇一家在意大利旅游时，不幸遭遇了劫匪，他们最疼爱的年仅7岁的小儿子尼古拉在这场劫难中中弹身亡了。这对于格林夫妇来说无疑是一个巨大的打击，他们如同做了一场噩梦一般。

可是，在医生确定了尼古拉的大脑已经死亡后，父亲格林经过考虑做出了一个惊人的决定，他要捐献儿子的器官。于是，大约4小时后，尼古拉的心脏便重新在另一个14岁的男孩的身体里开始跳动，这个男孩有先天性心脏病，是尼古拉的心脏使他得以痊愈；而尼古拉的肾则使两个肾功能先天不全的孩子有了活下去的希望；再然后，尼古拉的肝使一个19岁年轻少女脱离了生命危险；而尼古拉的眼角膜则使两个意大利人看到了他们生命中的第一缕阳光。

这件事情轰动了整个意大利，媒体也对格林夫妇做了采访，当被问及他们做出这个惊人决定的原因时，格林先生慢慢地说："我们并不恨这个国家，也不会憎恨意大利人，我的儿子再也回不来了，但是我希望那个杀害我儿子的人能够真心忏悔和反思，他在这样美好的一个国家里，犯下了怎样的罪孽啊！"

格林夫妇脸上掩饰不住的痛苦和悲伤令所有意大利人为之动情，但是在同情之余，人们更多的是敬佩。格林夫妇在遭受此重大恶劣事件之后所表现出来的冷静与大度，不得不让所有意大利人倍感羞愧。

假如你处在格林夫妇的境地，你会做出怎样的选择？是否能够做到像格林夫妇那样坦然接受？还是在沉重的打击之下萎靡不振，难以接受儿子离去的现实，从此永远沉浸在无尽的悲伤和憎恨之中难以自拔？又或者牵连到对整个社会和国家抱怨、憎恨？

其实，我们必须承认，更多的时候我们选择沉沦、从此一蹶不振是心甘情愿，虽然我们远远望着美好，但是由于仇恨和悲伤占据了我们的内心，我们会选择拒绝美好。

“人人皆可为尧舜”，我们不能做到像圣人英雄般拥有博大的胸怀，但是我们可以选择尝试着走出痛苦。毕竟面对失去的东西，无论如何痛苦沉沦也是于事无补，不如坦然接受。

就像格林夫妇，他们只不过是普通公民，然而一场横祸，让很多人看到了人性光辉的那一面。这种光辉虽然是在巨大痛苦之下绽放的，但是也因着痛苦使这微弱的光辉更加耀眼。这是一种神奇的力量，每一个人身上都具备这种力量，虽然它并不能塑造多么伟大的辉煌，但是至少可以点亮生命之光，让人性中的耀眼光芒闪烁。

波尔赫特是一位在世界戏剧舞台上活跃了50年之久的著名话剧演员，她曾经塑造了各种经典的舞台形象。

都说福无双至、祸不单行，她71岁的时候意外遭遇了破产，就在她为此心力交瘁的时候，生理上的打击也接踵而来。一次她在乘船的时候，不小心滑倒在了甲板上，她的腿部也因此受到了非常严重的创伤。医生虽然已经尽力施救，但是由于伤势严重，迫于无奈，需要为她截肢才能保住她的生命。医生十分为难，担心把事实告诉波尔赫特后她会承受不了这巨大打击。

结果，医生的担心是完全没有意义的。当波尔赫特从他口中得知这个消息时，并没有像预想的那样表现出极大的悲伤，她只是淡淡地说了一句：“既然医生都没有更好的办法了，那就这么办吧。”

从此之后，波尔赫特并无大的情绪起伏，即使在手术当天，她还在轮椅上朗诵着戏里的台词，后来有人问她是不是这样可以安慰自己，她却说：“我早已接受了事实，还要安慰做什么呢？只不过为我的手术而忙碌的医生和护士都太辛苦了，我这样可以给他们一些安慰。”

手术以后，她疗养了一段时间便又开始到世界各地进行演出，她在舞台上的生涯在此后又持续了7年之久。

我们应该学习这样豁达的心态，坦然地面对眼前的现实，坦然接受一切，面对已经失去的东西，我们所要做的并不是沉溺于其中不能自拔，永远活在痛苦的回忆中，而是重新振作，迎接新的生活，获取新的希望。努力去争取永远比痛苦懊恼来得有效。塞翁失马，焉知非福。生活总是还要继续，不管昨天你的经历是痛苦还是精彩，明天又会有不一样的际遇，所以莫要停留在当下，一定要懂得去把握未来。

泰戈尔有一句著名的诗句恰当好处地诠释了得与失的转换关系——“如果你因为失去月亮而哭泣，那么你也将失去群星”。心若一直停留在过去，那么人生便永远会停滞不前。人生至多不过百年春秋，若在失去的东西上白白浪费这许多美好的时光，那么人生有多少光阴都是虚度过去了，那样痛苦和懊恼的时间便也会加倍延长。

所以，当牛奶打翻之后，你不该哭泣，而应接受这个现实，然后再倒一杯牛奶。失去的已经失去，时光不会倒流，前一秒发生的已经发生，若你为这一秒的失去而浪费今天的拥有，那么实在是太不值得了。只有接受事实，丢掉那些痛苦和苦恼，才能以更好的状态去迎接新的朝阳。

下　篇

做自控达人，过幸福生活

Part 7 职场懂得自控，你就是公司的常青树

注意言谈举止，做一个谨言慎行之人

在职场中，注意自己的言谈举止很重要。如果你的言谈举止触犯到了对方的利益，对方一定会想方设法报复，这样你就很有可能成为对方的靶子。

做人做事一定要保持低调，言行要平和，不过分地张扬个性，这样就不会让别人对你产生敌意，才能避免自己成为别人进攻的靶子。

经常感情用事，说话很随便，甚至因为一点成绩就得意忘形，等等，这些不好的言行习惯会在交际中给你带来阻碍。当你的这些言行超出别人容忍程度的时候，别人必定会找各种机会给你小鞋穿，把你当成活靶子，甚至还会杀鸡给猴看。

我朋友梅朵研究生毕业，凭着自己的实力参加考试，过五关斩六将才挤

木　子◎著

超级自控力的8项修炼

策划编辑：郝珊珊 65634221@qq.com

进了一家大公司。虽然进了一家大公司，她也只是个小职员。

公司在办公区有个不大不小的休息室，是员工们吃午饭、喝咖啡、喝茶的场所，也是休息时闲聊的地方，有很多闲话都是从这里传出来的。

有一次，梅朵去休息室冲咖啡，正好遇到两个同事正在闲聊。她们看到梅朵进来，也把梅朵拉进了闲聊的话题。

一个同事说："你们知道吗？听说咱们经理是胡总的小蜜。那次胡总来咱们部门视察时，他俩的眼神可暧昧了。"

另一个同事也说："就是就是。那次胡总一进经理的办公室，经理就把百叶窗给拉上了，两人不知道在里面干什么。"

梅朵这时插话道："听说经理只有高中文凭，我们这些大学生、研究生还不如一个高中生，经理的能力实在是不敢恭维。"

这句话说完后，梅朵就后悔了。这两个同事在公司很久了，她们之间说什么自然是没事的，可是自己说的话会不会被她们传出去，那就不一定了。想到这儿，梅朵紧张地离开了休息室。

没几天，梅朵被公司辞退了，原因是那两个同事告了黑状。她们把自己说过的那些闲话都推到梅朵的身上，并说给经理听。两人怕梅朵会把她们说的话传出去，就先下手了。

梅朵知道被辞的真正原因之后，后悔不该听两个同事的闲话，更不该说那一句对经理不满的话。正因为自己言行不当，才导致自己被别人当了靶子。

注意言谈举止，就是在职场中，要知道并明白哪些话该说、哪些话不该说，还有哪些事该做、哪些事不该做。

同样，在什么样的人面前该说什么样的话、做什么样的事，以及不该说什么、不该做什么，都要经过思考，然后做到谨言慎行。

在职场中只有做到了谨言慎行，才不会被人抓住把柄。如果你不注意自己的言谈举止，很可能因为很小的一个细节就被别人利用，并成为别人的靶子。

在职场中，谨言慎行是很重要的一方面。有才华、有能力是好事，但如果你不懂得收敛，不懂得隐忍，也是很难立足的，甚至会给你招来灾祸。

不管一个人多么有权有势，一旦他过分地张扬，过分地狂妄自大、傲慢无礼，就不会有好的结局，这是有前车之鉴的。为了人生平顺，做人只有谨言慎行，才能叱咤职场。

你需要练就自我控制能力。在职场中，懂得自我控制的人才不会轻易受到情绪制约，不会在冲动之下做出伤害他人、给自己的职场生涯埋下隐患的事。

就算在面对自己不喜欢的人或者是自己厌恶的事情时，也不要轻易表露出你的情绪。你不必强迫自己喜欢对方，但需要礼貌而真诚地问候对方。如果你无所顾忌，说话做事随心所欲，不在乎别人的感受，就会成为别人攻击的靶子。

在职场中，如果你想有持续平稳的发展，就要学会收敛你的个性，学会谨言慎行、不张扬。否则，终有一天，你会得罪别人，别人会给你制造麻烦，打击你。即使事情与你无关，你也可能成为替罪羔羊。

曾看到过这样一个故事：

柳莹是一家公司策划部的副经理，她业绩突出，多才多艺，能力很强，长得也挺漂亮，在公司却很不受欢迎。

柳莹刚进入公司的时候，凭借自己深厚的专业能力，经常能给上司提出很好的想法和建议。再加上她工作努力，同事对她的评价都不错。

在公司的集体舞会上，她能歌善舞，非常活跃。同事们一起去唱歌，她也是抢尽了风头，吸引了公司男同事的目光。

工作闲暇，女同事们总喜欢谈论一些穿着打扮的事情，而她这时总会无所顾忌地指出女同事们的不足之处。渐渐地，很多同事就都开始讨厌她。

柳莹在公司工作了三年，竟然没有建立起自己的人脉网，公司的新老员工都明显地孤立她。因为她的争强好胜，多次导致工作出现问题，上司在多次劝告她无效后，让她另谋高就。

在职场中，跟他人交往的时候，要懂得收敛自己的锋芒，不要认为自己是最优秀的。不要随心所欲地想干什么就干什么，想说什么就说什么。要多站在别人的角度思考问题，只有站在他人的角度思考，才能了解别人的真正意图，也才不致树敌太多，让自己被孤立，并成为靶子。有些事，能让给别人做的，就让给别人做；有些话，能让给别人说的，就让给别人说；有些风头或功劳，能让给别人抢的，就让给别人抢。

总之，你要谦和、不多事、谨言慎行，才能平顺。隐藏自己的锐气，做一个成熟而有城府的人，你的路就会好走很多。

一些人多嘴杂的场合，你一定要远离并保持距离。说闲话，听闲话，最终你会落闲话。闲话的目标人物最后就会成为你。不说别人闲话，不掺和别人闲话的谈论，那些麻烦事就不会找上你。

不要把自己的心里话说给某些人听，否则，你在与对方有利益冲突的时候，对方知道了你内心真实的想法，会利用你的心理弱点，明里暗里打击你，这样你就成了别人的活靶子。

在与比你位高的人交往时，一定要谦卑。不要指出他的错误，不要违背他的意思，不超越对方，要顺着对方，这样你才能免于与对方产生矛盾或冲突。

言谈举止决定你的职场生涯，你要注意自己的言谈举止，尽量避免因为言行问题伤害到别人，导致自己在职场交际中失败。

控制好自己的嘴，成人的世界里没有童言无忌

当你步入社会后会慢慢发现，那些从前在课本里学来的心直口快、仗义执言、直言不讳等行为，在这个现实的世界里显得那么不成熟。那些口无遮拦的人，总是轻易地就得罪了某些人。

我的朋友谷雨平时为人热情，多次帮助公司的女同事介绍对象，但结果是成的少，无疾而终的多。在公司里，有一位30多岁的女同事，谷雨多次给她介绍对象，都没成。谷雨一时心急，就在闲聊时大发感慨说："三四十岁还不结婚的人心理肯定有问题。"语毕，那位女同事很生气地说："我怎么

就有问题了，你这么说话合适吗？”

谷雨也觉得自己说话过分了，连忙补充道：“对不起，我不是说你，我是说男的。”说完，方想起来办公室里还有一位快到四十的男同事至今未婚，最后办公室一片静默，好好的气氛就这样被破坏掉了。

年轻人一定要管好自己的嘴，别像谷雨那样，什么话不经过思索就脱口而出，这样很容易伤害到别人，而自己在别人心中的信任度也会直接下滑，最终成为一个不受欢迎的人。

我的妹妹露露为人直爽，说话直接。同事们经常说她口无遮拦，说话不经大脑，总是先说话后思考。就因为说话口无遮拦，露露常常不顾及别人的面子，所以有时得罪了人，她还不知道。

一次，朋友郝灵买了一件新衣服，很贵、很漂亮，遗憾的是，郝灵的身材因为刚刚生完孩子有些臃肿，衣服穿起来显得有些不合适。

朋友们都看出来郝灵很喜欢这件衣服，所以都不忍心打击她，纷纷赞扬起来：“这样的衣服才显出你的气质，穿起来真好看啊，虽然贵了点，但物有所值啊！”“这件衣服真好看啊！在哪买的，哪天我也买一件！”……

这一系列的赞美让郝灵很受用，她非常高兴。这时露露却突然说：“你太胖了，身材都变形了，穿这衣服真是不好看，你看你的小肚子都露出来了，多难看啊！而且还那么贵，也没见得好在哪儿啊，我看也不值那么多钱！有这些钱都能买好几件不错的衣服……”

还没等露露说完，郝灵便气愤地走了。其他朋友也很生气：“你是实话实说痛快了，可这不显得我们虚伪吗？”

以后，大家聊天时总是躲着露露，毕竟，谁的面子也不禁伤啊！

俗话说："病从口入，祸从口出。"像露露这样口无遮拦，虽然逞了一时口舌之快，最终却伤人伤己。

步入社会以后，你就没有童言无忌的豁免权了，如果你继续口无遮拦，那么只能让你处于朋友不待见、同事不喜欢的尴尬境地，最终交友失败、事业失败。所以年轻人一定要先明白这个道理，然后在与人交往时，牢牢把握好说话的尺度，避免口无遮拦。只有这样，在与人交往时，才能保证自己不会因为说错话而得罪人。

说话控制好尺度，在职场进退自如

当你在工作中受到高度认可时，手舞足蹈的你可能没注意到，老板或上司已经暗自皱眉了。我们都知道克制"怒和哀"的道理，但克制"喜和乐"的道理却往往被我们忽视。如果你想升职，就必须知道分寸，懂得适时收敛。

掌握好说话的尺度无异于骑上了一匹宝马良驹，让你在职场中无往不利，如果掌握不好，则会让你在职场中陷入被动。

身在职场，做很多事情的时候，不能只是一味地盲干，要懂得适时而进，适时而退，适时表现，适时收敛。我们可以聪明，但不能太聪明了，

“分寸”二字很重要，要用自己的聪明来引起注意，又要在适当的时候用聪明来隐藏自己的聪明。

聪明的张颖是通过经验累积得来的聪明，而非“天资聪颖”。所以，在各种进退中，似乎先前她是失去了，后来才发现，她得到了。这就是为何经历了这么长时间，她始终魅力不减的原因。而不像有些电视剧里的人，显极一时又迅速凋落。

她成功的秘诀就在于她懂得适时收敛，包括在事业上和家庭生活中，不论在高兴时还是悲伤时，不论在成功时或是失败时，她都能得体地表现自己，控制自己的情绪，让自己处于一个最佳的状态，给人以舒服的感觉。

她说：“小事上我会妥协，大事我不会。比如家里的大事小情我可以多付出些，这没什么，都是小事。但对我来说，老公对我的尊重才是大事。表面上看我不是属于那种很有原则的人，但我其实是很固执的。小时候，我妈常说我‘拧’，想什么就做什么。为原则而妥协我是做不到的，但我会为了情感去妥协。就像在工作中，我吃点亏就吃点亏，这没什么，但别人不能把我当傻瓜看。在金钱上，我对朋友很大方，但我可不做冤大头的事情。对待亲人朋友，以爱换爱，为了爱而妥协，这些都不是问题。”

说到自己，张颖把她自己归入贤妻良母型的行列，说到老公和儿子，满嘴更是溢美之词。张颖受人欢迎的原因就是她始终都很本分，做自己该做的事情，拿自己该拿的东西。她说：“男女关系也是这样，因为太爱对方所以有时候会吃醋，这是人性的自然流露。但自己可以掌握‘酸’的程度。如果不去控制这种‘酸’味的话，会招致爱人的反感。聪明的女人要懂得适度原则，偶有‘酸’味可以增加生活中的情调，但过火了就不好了。”

她就是这样一个进退自如的女人，在不失原则的同时，还能很好地掌控各种事情。

说话适度得当，就很容易让别人接纳你、帮助你、尊重你，进而让你的愿望得以实现；反之，如果你说话不得当，就会给人留下不知深浅的印象，招致别人的讨厌不说，还会将自己推入孤立无援的境地。

高情商的人都能很好地控制自己的脾气和性格。该怒则怒，不然，别人还以为你是软柿子——好捏。与此同时，还要怒得“得当”。你可以在他高兴的时候任性撒娇；在他脆弱的时候，你得体谅他的难处，展现出你善解人意的一面。

懂生活、有分寸才是在职场中活得更好的必要硬件。尤其是女人，美丽的容颜终会逝去，而智慧的处世方法才会伴随一生，才会让其生活得精彩和幸福。

没人能独立生存，不要总以自己为中心

大家不难看出有这样一群人，他们总是自我感觉良好，做什么事的时候都只以自己的意愿为中心，要求所有人都为自己服务，却又置其他人的需求

于不顾，不愿为其他人做哪怕一丁点儿的牺牲，不关心他人痛痒。这主要表现在：第一，少关心别人，与他人关系疏远；第二，固执己见，唯我独尊；第三，自尊心过强、过度防卫、有明显的嫉妒心。

总的来说，这种人心里只有自己，却从来没考虑过别人，崇尚的是“人不为己，天诛地灭”。主要原因还是以自我为中心，走向了严重的个人主义思想。

毫无疑问，这种自我意识对他自己的发展有百害而无一利，这不仅严重影响了个人的形象，也影响了良好思想的形成。由于过度追求个人的利益，导致放弃了自己的崇高理想和远大抱负，因而也会失去良好的人际关系，想想看，没有任何人愿意同这种自私的人合作共事或终生相伴。可以说，这种人最后只能是得不偿失。

坦白地说，任何人都会有一点自私的思想。尤其是现今大多都是独生子女，从小就生活在一种相对独立的生活状态中，他们是整个家庭的核心。中国的父母和其他长辈大多都过分地爱护自己的孩子甚至是溺爱，每做一件事都必须先考虑孩子，使得孩子们在不知不觉中养成了自私自利的坏习惯，不能全面地思考问题，他们往往忽视了别人的感受，只会考虑自己的利益。

毕业于北京某大学的高才生卢刚就是一个典型的例子。卢刚是一个非常聪明的人，他和另一位来自农村的学生林华在1985年进入了美国的爱荷华大学。卢刚在1991年获得了物理学博士学位，当时他年仅27岁。卢刚性格内向，他从小学习成绩就很好，经常在各种比赛中获奖。在这样的成长过程中，他逐渐形成了以自我为中心的思想，总觉得自己比别人优秀，对身边的人感情淡漠。他心胸狭窄，不喜欢和别人交流，更不愿意听别人的意见。在和别人交往的过程中，他经常表现出一副很自我的样子，处理问题“非黑即白”。和卢刚相比，林华性格开朗，善于和各种人交朋友，深得导师和同学们的喜欢。他们的导师是一位著名的天体物理学家，并且对他们俩要求非常高。慢慢地，卢刚对林华产生了嫉妒和怨恨的情绪，认为他们的导师在评选奖学金时对自己不公正，终于在1991年11月1日下午枪杀了包括导师在内的三位教授和同学林华，之后自杀。我们在震惊之余，也为一个英才的泯灭而惋惜。试想如果他的心胸不那么狭隘，可以容得下别人，那么这样的悲剧就不会发生了。

其实每个人都想获得利益、避免伤害，这是人类的天性。如果可以，我们每个人都想要按照自己的想法，以获得自己的最大利益的方式来与别人相处。可是，人们总是被相互影响和制约着，在这个系统中每一个变量的改变都会对整个系统最终的走向产生深远的影响。就像“蝴蝶效应”中说的那样，可能美国太平洋海岸的一只蝴蝶仅仅是扇动了一下翅膀，结果就引起了日本的一场海啸风暴。事物的发展往往不是按照哪个人的意愿进行，虽然有很多人试图这么做。社会学家们指出，人际交往中最简单、最实用的原则就是“你喜欢我，我就喜欢你”，所以你若想得到别人的欣赏和尊重，首先要欣赏和尊重别人。人类的发展与和谐就是在这种相互制约的制度下平衡的。倘若每次都抱着“宁教我负天下人，休教天下人负我”的心态，那么你离“为天下人所负”也就真的不远了。

有人这样说过，你能够在某段时间骗到所有人，你也能在某段时间骗某个人，可是你不能在全部的时间里骗所有人。你是什么人，大家迟早能够看穿，到那个时候，你所辛苦建立起来的信誉就会像多米诺骨牌一样迅速倒掉，再怎样后悔也来不及了。人际关系是一种互动中的平衡，若是你不幸违背了这一原则，那么你很快就会得到教训。曹操就得到了现世报，他刚刚把话说出来，陈宫就默默想到：“我将谓曹操是好人，弃官跟他，原来是个狼心之徒，今日留之，必为后患。”于是，他就想把曹操杀了。虽然，陈宫最后没有把曹操杀了，但也决心不再辅佐曹操。对曹操来说，失去陈宫是一个非常大的损失，因为他从那以后没了一个能够真正帮助他的人，反而多了一个非常聪明的敌人。可见，“宁教我负天下人，休教天下人负我”这样的话，也只是曹操的想象而已，说出来都会惹麻烦，更不要说去做了，除非你脱离了这个社会。

每个人都要现实地面对这个社会，在这个社会中，每个人都有自己的欲望和要求，并且享有相应的权利和义务，如此一来，就很容易出现矛盾，因为现实不可能满足所有人的愿望。因此，我们要客观地面对现实社会，学会礼尚往来和包容。当然，我们也不应该放弃自我权利和欲望的满足，但不能一味地为自己考虑。要是每个人都以自我为中心，那么大家都不会有好日子过。

跳出自己的圈子，多为身边的人想想，学会理解别人，并且学着尊重、关心、帮助身边的每个人。只有这样，在你需要帮助的时候，别人才会伸出援助之手，在这个过程中，你可以体验人生的价值与快乐。学会尊重别人，要善于学会发现别人的优点和长处。我们都应该知道人有多样性，我们生活在这个世界上是相互依存的，没有任何人能够独立地生存在这个世界上。

控制你的自以为是，职场容不下趾高气扬

朋友间的相处也好，同事间的合作也好，如果想让别人从内心里接纳我们，我们就不要在对方面前表现得趾高气扬、自以为是。

在日常的工作与生活中，没有人愿意与处处显示自己聪明的人在一起，自以为比人强的人总是招人嫌的。所以，在与人相处的过程中，我们不能总是处处显示自己比别人高明。

我有一个朋友叫李晓晨，毕业于某科技院校，专业学的是计算机。他应聘进了一个新单位后，发现同事大多是40多岁的中年人，他们虽然经验比他多，但头脑明显没他灵活，对电脑等一些新事物的了解比他差远了。李晓晨对此感到很是高兴，认为自己大展拳脚的机会来了。于是，他开始在单位里卖弄起自己的那些专业知识。

“哎呀！电脑怎么可以这样用呢？”

“这个地方应该……”

“这事你得听我的，这方面可是我的强项啊！”

“真是的，怎么连这个都不会呢？”

……

办公室里时常见到李晓晨一个人在那里指手画脚、趾高气扬。

有一次，领导叫李晓晨到另外一个单位帮忙看一下他们的电脑出了什么问题。接待李晓晨的是一个中年妇女，她热情地把李晓晨请到了办公室，泡

上一壶好茶，说：“你来了就太好了，我们这里有一台电脑不知道怎么回事，每次打开不到10分钟就死机了，麻烦你帮忙给看看吧。”

李晓晨兴奋地说：“没事，电脑这方面我最熟了，我还没遇到过难倒我的问题呢。”喝完了茶，李晓晨去查看那台电脑。还别说，不到5分钟，那台电脑居然正常工作了。

中年妇女很高兴，连连称赞李晓晨厉害。李晓晨有些飘飘然，说：“其实电脑本身没什么问题，主要是用这台电脑的人太笨了，他把一个程序设置成后台运行，这个程序要占用很大的内存。如果再打开其他程序，电脑就反应不过来，不死机才怪呢。”

中年妇女听了李晓晨的话，脸色突然变得很难看，然后对李晓晨爱答不理了。李晓晨没注意到对方的变化，还在那里自顾自地吹嘘自己高明。几天后，李晓晨突然被单位给辞退了。

事后，李晓晨才知道自己被辞退的原因。原来那位中年妇女是领导的夫人，领导回家问起电脑的事时，他的夫人没有说李晓晨的好话。回到单位，领导又向下属了解了李晓晨的为人，很显然，没有一个人说李晓晨好。

李晓晨为什么会被炒鱿鱼呢？他总是在别人面前表现自己聪明过人，总觉得自己比别人知道得多，他不知道自己的这种自以为已经伤害了别人。

法国有位哲学家说得好：“如果你想树立一个敌人，那很好办，你拼命地超越他、挤压他就行了。但是，如果你想赢得一些朋友，就必须做出点儿小小的牺牲——那就是在对方前面表现得谦虚、谨慎，从而让对方产生好感。”

这个道理其实很简单，每个人都有希望被关注、被尊重的心理，当我们凌驾于别人之上时，他们的内心便会感到愤愤不平，有的会感到自卑，有的甚至会怀恨在心，进而影响到交流沟通的效果，甚至影响我们的人际关系。因此，我们要避免类似的情况出现。

“枪打出头鸟”，“木秀于林，风必摧之”。这就告诉我们，一个人太出彩其实不是一件好事，我们要随时保持谦虚低调的态度，才能让自己离成功越来越近。因此，我们在工作后的头三年里要学会不露声色地让别人注意到自己，这也就是大家所说的“低调地卖弄”。

张栋是一家大公司的职员，他工作积极主动，待人热情大方，深受同事们的欢迎。可是突然有一天，一个不经意的举动让他在同事眼里的地位一落千丈。

这天大家在会议室等待经理来开会。一位同事觉得地板有些脏，于是站起来开始打扫。张栋却没有注意到，一直站在窗台边往楼下看。这时，他突然走到拖地的同事面前说要替那位同事打扫，可是这时地已经拖完了，可张栋却执意要求，同事也没多想，把拖把递给了他。

张栋刚把拖把拿过来，经理便推门而入，正好看到他拿着拖把拖地的举动。于是，一切不言而喻。

大家突然觉得张栋十分虚伪，纷纷不再跟他交往。

自我表现是人类的一种本性。就像百灵鸟喜欢炫耀清脆的声音一样，人类喜欢表现自己是很正常的行为。如果不分场合地表现自己，就会让人觉得虚伪、做作，引起其他同事的反感，最终的效果往往是事与愿违。很多人在谈话的时候总是以自己为中心，老是爱表现自己，这种人会让人觉得轻浮、傲慢，最终让别人产生排斥感和不快的情绪。

在和别人交往的过程中，每个人都希望得到别人的尊重和赞赏。法国一位叫罗西法古的哲学家曾说：“如果你要得到仇人，就表现得比你的朋友优越；如果你要得到朋友，就要让你的朋友表现得比你优越。”这是因为，当你的表现让朋友觉得自己比你优越时，他们就会有一种得到肯定的感觉；当你表现得比别人优秀时，很多人就会产生反感，甚至出现敌对情绪。因为每个人都会在无意识的情况下本能地维护自己的尊严和形象，如果有人让他感觉到自卑，那么无形之中他就会对那个人产生一种排斥心理，严重的甚至会产生敌意。

在职场中，即便你真的比你的同事强，在心理上你也要给别人应有的尊重，学会与他们相处，这样同事也就不会对你产生反感，同时他们也会慢慢认可你的能力。同时，你还要懂得适当暴露自己的劣势，减轻嫉妒者的心理压力，从而淡化危机。

李静是刚从大学毕业进入中学的新教师，对最新的教育理论颇有研究，讲课也形象生动、寓教于乐，很受学生欢迎，这引起了一些任教多年却缺乏这方面研究的老教师的嫉妒。为了改变现状，李静故意在同事面前放低自己的姿态，并且很谦虚地向其他老师学习。

李静放低姿态后，有效地拉近了自己和其他老师的距离，也消除了他们对她的敌视心态。

平易近人、低调谦和的人总能结交许多好朋友，而那些自私自大、自以为是的人，在交往中会到处碰壁，让人反感，令人生厌。

职场中往往会有这样一些人，他们十分机智，有很强的工作能力，但是他们锋芒太露，让别人对他们敬而远之。他们太喜欢表现自己了，总想让所有人知道他们比别人强，以为这样才能获得他人的敬佩和认可，其实结果只能让同事们讨厌、反感。

做人要学会低调，要学会谦虚。越是谦逊的人，别人越是喜欢和这种人在一起相处，最后发现其优点；越是孤傲自大的人，别人越会瞧不起他，喜欢找出他的缺点。因此，平时一定要学会谦逊待人，这样才会得到别人的支持，为你的事业成功奠定基础。当你以谦逊的态度来表达自己的观点或做事时，就能减少一些冲突，还容易被他人接受。即使你发现自己有错时，也很少会出现难堪的局面。

不管怎么说，作为职场新人，刚刚踏入公司，一定要学会低调做人。即使你的才华再出众，即使你的学校再大牌，也不要在同事面前表现出高人一等的姿态。你可以表现自己，但是不要太过高调，要保持谦虚的态度，只有这样，你才能在出色地完成工作的前提下又得到大家的赞赏。

周身是刀，但没一把利刃可如何是好

我们经常会看到这样一种现象：很多自诩上知天文、下知地理，说起话来口若悬河、夸夸其谈的人到最后往往一事无成。在职场上，这类人被称为

“职场杂工”。他们不同于一般的“跳槽一族”，总是徘徊于不同行业间；他们也不是“万金油”，而是“周身刀，没一把利”，行行都会一点，可都是浅尝辄止，掌握的都是些皮毛，结果几年下来，时间浪费了不少，却没有拿得出手的业绩和经验。反倒是那些智力和能力平凡，默默无闻却“术业有专攻”的人到最后成就斐然。而什么都想学、什么都想做的人，虽然也在苦苦奋斗，可到最后总是广而不精，还是一无所获。

其实，好学是好事，但人的精力和时间毕竟是有限的，我们很难做到面面俱到，不如舍博弃杂，专注于自己擅长的事情。

腾讯集团CEO马化腾对此深有感触，在总结自己的成功之道时，他说：“我一直专注做自己擅长的事情。”不仅身边熟悉他的人能证实这一点，而且几乎所在业内的合作伙伴在提到这位年轻的总裁时都会竖起大拇指，认为“这是一个做事专注的人”。

马化腾不仅是这么说的，也是这么做的。在他的带领下，腾讯公司花了整整5年的时间，只做完善和规范QQ服务的工作，终于成为国内唯一一家专注从事网络即时通信的公司。马化腾对此也不无骄傲地说：“最初有几家有实力的企业都在做与我们类似的事儿，可只有我们一家公司专注于做即时通信服务。专注使我们在技术上有了积累，而其他公司大多采用外包的形式开发，不是自己去做，只用合同约束，用户接触的只是一个客户端的软件。我们与他们不同，在后端做的工作更多，难度也更大。”

长时间地专注于自己的目标，不容易。可正是不容易，这个世界上才有两种人：成功者和失败者。马化腾之所以能成功，得益于他专注做自己擅长的事情。

在职场上，真正像马化腾那样“术业有专攻”的人很少，“博而不精”人却很多。“博而不精”的坏处不仅在于浪费时间和精力，最重要的是会导致职场竞争力的缺失，长时间处于这样的状态下，会给未来的职业道路蒙上一层不确定的阴影。

我的表弟小陈大学选择专业时，没有考虑自己的兴趣和专长，而是听从父母的建议选择了相对热门的专业。结果，在校期间他对所学专业提不起兴趣，没有好好学习。毕业后，他也不打算从事本专业的工作，所以在求职时也没有明确的方向，不管什么行业，只要自己能做的就去尝试。

结果，他工作5年了，看似做了很多工作，但对哪一行都只是一知半解，什么都会一点，但都没有累积起相应的职场竞争力。在重新找工作时，他发现自己虽然掌握了不少基础工作能力，可在激烈的职场竞争中却毫无胜算可言，眼看着快奔三的人了，却仍无一技之长，这让小陈既焦急又迷茫。

小陈就是典型的“博而不精”，他在选择职业时，没有全面了解自己的能力和兴趣，对职业目标也没有一个准确、清晰的认识，所以几年下来，只是积累了一堆对未来职业发展没有太大价值的经验。要摆脱目前的困境，小陈的当务之急就是先确定好自己的职业方向，然后朝着这个目标，脚踏实地、心无旁骛地专注于所从事的职业，慢慢累积起自己的职场竞争力。

现在，随着社会的不断发展，各行各业的分工也越来越细化，“万金油”式的人物早已不再吃香了，而“高、精、专”人才则成为各大企业争相抢夺的香饽饽。如果你还抱着不求甚解的心态辗转于不同行业间，那么，最终你只会一事无成。

控制说话的冲动，给自己一个思考的时间

职场是一个充满竞争、利益庞杂的地方，要维持好的人际关系不容易。而语言交流正是建立和维持人际关系的纽带。作为职场中人，即使你平时能言善辩，也一定要注意规范自己的言语，收敛张扬的言行，说话前最好想想这样说是否妥当，不要逞一时口舌之快而说错话，或因说太多话而招来不必要的麻烦。

说话之前一定要先看看自己说话的空间和时间，认真地思考一下，自己说话是说给谁听的，听众是哪些人，他或者他们现在是什么处境。每个人说话都会带有一定的目的性，特别是在职场中，所以我们在说话时要根据听众的情况和讲话时空的情况，围绕一定的目的进行交谈。如果你说的话不符合当时的语境，就会因不合时宜而引起他人的反感。

在一次面试时，面试官仔细看了小杨的求职简历后问他："你已经毕业一年多了，为什么工作经历这一栏是空白的？"

原来小杨大学学的是冷门专业，毕业后很难找到工作，后来他又报考了会计方面的研究生，不想没考上，只好再次加入求职者的队伍中。由于小杨专业上没什么优势，再加上心态也没调整好，好几个月过去了，仍然没有找到工作。

面对面试官的质疑，小杨不知道如何回答才好，便说："前一份工作压力太大了，我辞职后，去丽江玩了半年。"

面试官一听，心里一沉，暗想："丽江啊，我想了好几年都没去成。你

倒好，一玩就是半年。我们这份工作也需要承受一定的压力，如果让他来做，干不了几天，估计也得走人。”于是象征性地问了几个无关痛痒的问题后，就结束了面试。很显然，小杨被淘汰出局了。

面试的过程就是语言沟通的过程，面视官通过你的言辞来了解你的品性和能力，面试者则通过这个方式充分地展示自己。在这个过程中，准确地表达自己是十分重要的，任何一句不够慎重的话，都有可能成为你失去这份工作的理由。

不光是面试时说话要慎重，在工作中的其他一些场合，也要注意自己该说什么、不该说什么，以免犯错。

在一次学术研讨会上，某人在酒桌上向邻座的人讲起某校校长的秘密来，一边说着攻击对方的话，一边表现出对校长卑鄙行为的极度不满。

这时，旁边一位太太问他说：“先生，你认识我吗？”

“还没有请教贵姓。”他回答说。

“我正是你说的那位校长的妻子。”

这位先生尴尬万分，不知道说什么好。

这位太太很有教养，没有当面指责他，但这位口无遮拦的先生给别人留下的印象一定不怎么样。

有句话叫“说者无意，听者有心”，脱口而出的一句话，在不同的场合，不同的人听了之后会产生不同的想法。即便是一句无心的话，说错了也是很难补救的，所以说话时不能只说自己想说的，还要考虑一下听者是否能够接受。

如果有些话你想说但又不适合在当前的场合中说，就需要自己积极地去寻找适当的场合。比如说，领导了解到下属正面临着生活上的难题，想开导他，帮助他走出困境、重新投入工作中时，如果把下属直接叫到办公室谈很可能会让下属有所顾虑，无法敞开心扉；如果领导换个场合，去下属的家里进行开导，谈话的气氛会更轻松，彼此的心也会贴得更近。

另外，话语是否适合在某个场合说，很多时候是由语境来决定的。语境，简单地理解，就是我们常说的上下文，也就是说，你的话要与前面的话存在一定的逻辑关系。上司问你这个月的业绩如何，你不能回答他你在公司待几年了，或者你接下来的工作计划等毫无关系的问题。同样，在与同事讨论时下的流行趋势时，你自顾自说些家长里短就显得不合时宜了。

语言不仅是重要的沟通、交流工具，也是我们了解一个人的重要手段。所以，当我们开口说话时，不能心里想什么，马上就脱口而出，而要去了解和体会听者的感受和需要，这样，才能更好地与听者达成共识，增进彼此的了解，加深彼此的感情。

管理好心态，别把职场想得太可怕

很多时候，一些事情并非我们想象中那样，每个人对于同样的事情都会有不同的见解，如果你想知道事情的真相，就一定要亲自去感受。道听途说只会让你没有了主张，将事情复杂化，无形之中也给自己的心灵增加了压力。

职场很大，只要你离开了家庭和学校，只要你开始用自己的双手挣饭钱，那就算踏入了职场。职场中的风浪有大有小，只有自己亲身经历了才有发言权。无论你处于何种情况，都不要让众人影响你的想法，这样你回头看自己的人生之路时才不会后悔。虽然有时候步履很艰难，但那是你自己选择的，在那泥泞中有着属于你自己的坚持，也有着印着你记号的成功。

在一本旅游杂志中看到过这样一篇感悟。

有一个人去旅游，在路途中他遇到了一大片茂密的森林。看到如此茂密的森林，他一时拿不定主意：这片树林如此之大，林中有什么动物也不清楚，万一遇上危险，那就不好了。

但是只要横穿这片森林，用不了一天的时间就可以到达目的地，要是绕着走的话，几天能到达他也不知道，因为他查的资料只显示了捷径。他决定向当地的居民打听一下，看看这片森林里到底有什么，可不可以横穿。

他来到了附近的村落里，在一家小饭店里向众人打听森林的情况。店里的伙计告诉他，那片林子里面不安全，时常有狼和一些不知道名字的野兽出现，村子里的许多家畜都曾神秘消失过，估计就是那些野兽干的。

旅人听了有些害怕，但是一个樵夫告诉他，自己经常在那片林子里砍柴，倒也没有遇上什么野兽之类的，偶尔才会遇到一两条蛇，没什么可怕的。旅人听了稍稍安心一点，于是向樵夫借了一些防蛇的药，准备横穿森林。店里的伙计依然坚持自己的意见，劝他还是绕道走，那样保险。樵夫拍拍旅人的肩膀，鼓励他不要害怕。

终于，旅人还是选择横穿森林。这片森林真的很深密，越往里面走就越幽深，地上踩着厚厚的落叶，在半路上遇到过蛇，偶尔还有一些野兔和山鸡出没，虽然声响很大，但是并不可怕。旅人小心翼翼地穿过这片森林，终于到达了目的地。他不由得想，这片林子看上去很可怕，但是真正穿过了并不觉得如何，没有店伙计说的那么恐怖，也没有樵夫说的那么简单——因为林中荆棘丛生，并没有明显的道路，想要轻易走出来，不吃点苦头是不行的。

职场和这片森林是不是很相像呢？因为不了解，只是很模糊地感觉到很可怕，只有真正经历了才觉得并没有想象中可怕。

要想在职场中占有一席之地，刚开始可能并不容易。就好比找工作，你投递出的每一份简历，可能会石沉大海；你参加过很多的面试，但是都没有被录取。这或许会使你受到打击，对生活充满失望，但你应该想到，只有经历过磨难的历练，我们才能够更快地成长起来，只有经得住考验的人，才有资格得到成功的青睐。

职场是我们必须经历的一段人生，我们人生的大部分时间都是在职场上度过的。只有自己亲身经历过，一步一步走来，才会知道职场给我们的人生带来的是好处还是坏处；只有不让自己的心灵处在别人言论的影响下，我们才能够真正感受到职场带给我们人生的改变。

Part 8 领导懂得自控，下属都将唯你是从

控制了时间，才有资本管理其他

卓有成效的管理者非常注重管理自己的时间。在这个充满竞争的社会中，如果整天闭门造车，对竞争对手和整个市场的情况不了解，就绝对不会获得长足发展，因为有竞争才能促进发展。时间正是竞争胜出的有力保证，拥有更多的时间就意味着拥有更多的机会。

越来越多的管理者都已经参透，时间管理是事业成功和企业发展的关键。个人和团队能否在自己的职业生涯中取得成功，关键就在于能否管理好时间。在国外，很早就出现了时间管理学，迄今为止已经发展到了第四代。身为管理者，能够管好自己的时间，就是最高层次的管理境界。

在美国企业界，能让时间发挥最大效能的企业家中，摩根绝对是最好的例子。走进摩根的办公室，就会发现摩根的办公室和别的管理者有明显的不

同，摩根的办公室和其他人的办公室是连接着的。摩根这样做不是为了能更好地监督员工，而是为了节省时间，因为办公室相通之后，经理们有什么事需要请示，能够很快走到摩根的办公室告诉他，而不是像别的管理者一样让经理们进自己的办公室之前拐几道弯、敲几扇门。

摩根与人会面的时候，会直截了当地问对方有什么事情要处理，他一般只说几句。他的经理们都知道他的这种作风，于是向他汇报工作的时候，都会干净利落地说明问题。他与人的聊天时间一般不超过5分钟，即使是总统来了，他也一样对待。

摩根最绝的是他有着惊人的洞察力，他立即就能判断出来此人找他的真实意图是什么，他能一见面就知道来人找他是什么事情，于是他会很干脆地告诉对方处理的办法以及处理的步骤。他之所以这样做，就是为了把不必浪费的时间全部节省下来，好让他的时间全部高效率地使用起来。当然他的这种珍惜时间的作风让他周围的人感到不愉快，可是对摩根这样的巨商来说，有时间赚钱比任何问题都重要。

在犹太人的赚钱智慧里，时间就等同于金钱，因为他们认为，时间和商品一样，盗窃了时间，就等于盗窃了商品，也就是盗窃了金钱。歌德曾说：“我们都拥有足够的时间，只是要善加利用。一个人如果不能有效地利用有限的时间，就会成为时间的俘虏，成为时间的弱者。一旦在时间面前成为弱者，他将永远是一个弱者。因为放弃时间的人，同样也会被时间放弃。”对于管理者来讲，只有高效地利用好了自己的时间，才能让自己的工作卓有成效。

所谓恰当的时间管理，就是指用最短的时间或在预定的时间内，把要做的事情做好。如果你不觉得这对我们来说有多么重要，那么接下来，我们来看一组来自美国的数据，看看我们每天的时间都去了哪里。

有关部门统计表明，人们几乎每8分钟就会受到1次来自外界或自己想象的“打扰”，大约每小时7次，每天50～60次。平均每次“打扰”耗时大约5分钟，一天下来耗时大约4小时。而在这些“打扰”中50%～80%是没有意义或者有极少价值的。如果我们坚持每天自学1小时，一周就是7小时，一年就是365小时，一个人3～5年就可以成为某方面的专家。如果一个人办公桌上总是乱七八糟，他平均每天会为找东西花上很长的时间，统计数字约为1个半小时，这样每周的工作日就要浪费7个半小时。我们有这样的经验：如果你让自己一天只做一件事情，你就会花上一整天去做这件事；如果你希望自己一天完成两件事情，你也能完成；而如果你让自己一天完成12件事情，则能够完成7～8件……

数字往往能揭示人们意想不到的真相。上面这些数据显示的事实是否令你震惊？那些善于利用时间的人不会把时间消耗在“需要”的事情上，而是把注意力放在“值得”的事情上。我们不妨也试着像这样留意，找出一些和自己的工作有关的时间数字，看看自己失去了哪些机会，使自己始终保持着危机感，让自己能警惕时间的流逝，鼓励自己抓紧时间，利用好每分每秒。

德鲁克说：“卓有成效的管理者懂得，要使用好他的时间，他首先必须知道自己的时间实际上是怎样花掉的。”

如果你不能明白自己的时间是不是被虚耗，那跟随德鲁克来做一个有关时间管理的测试。

下面的每个问题，请你按照自己的实际情况，如实评分。

计分方式为：选择“从不”计0分，选择“有时”计1分，选择“经常”计2分，选择“总是”计3分。

1. 在每个工作日开始之前，我都能为计划中要做的工作预先准备。

2. 凡是可以交派给下属或者别人去做的事，我都交派下去。

3. 我制作并利用工作进度表来对工作任务与目标进行书面规定。

4. 我的日程表通常留有回旋余地，以便应对可能出现的突发事件。

5. 我尽量一次性处理完每份文件。

6. 我在工作时尽量回避造成干扰的电话、不速之客的来访以及突然提出的约会。

7. 我试着按照自身生理节奏变动的规律曲线来安排工作。

8. 我每天都列出一个应办事项清单，按重要程度来排序列，依次处理。

9. 当其他人想占用我的时间，而我又必须处理相对来说更重要的事情时，我会直接说“不”。

结论：

0～12分：你没有时间规划的概念，总是让别人牵着鼻子走。

13～17分：你曾经试图掌握自己的时间，却不能坚持到底。

18～22分：你的时间管理状况基本良好。

23～27分：你是值得别人学习的时间管理典范。

调查表明：一个效率低下的人与一个高效的人工作效率最多可相差10倍以上。凡是想要成功的人，都需要掌握时间管理的方法和理念。

首先我们了解一下，什么是时间管理。

所谓时间管理，并不是要求在规定时间内把所有事情迅速做完，而是更有效、更有规划地运用时间。时间管理的目的，除了决定你在一定的时间内做什么事情之外，另一个很重要的要求是决定在有限的时间内，什么事情不应该做。时间管理不是要硬性规定你的时间，完全地掌控你的人生，而是降低生活中不必要的变动。时间管理对我们来说，最重要的功能是通过事先的规划，作为一种提醒与指引，辅助我们更好地工作和生活。

有关时间管理的研究已有很长的历史，它不断发展进化，德鲁克认为它大体可分为四代。

第一代时间管理的理论着重强调有效利用便条与备忘录，在忙碌的工作中调配时间与精力。

第二代时间管理强调使用行事历与日程表，当时的时间管理方法显示出规划未来的重要。

第三代时间管理是目前正流行的、讲求按照事情轻重缓急来设定优先顺序的观念，也就是依据重要性和紧迫性设定短、中、长期目标，再按照一定的时间周期制订实现目标的计划，将规划者有限的时间、精力加以合理分配，赢得最高的效率。

虽然这种做法有它可取的地方，但也有人发现，如果过分强调效率，在规划的时候，把时间安排得过于紧凑，反而会产生相反的效果，使人失去满足情感需要以及享受意外之喜的机会。于是许多人选择了放弃这种过于死板拘束的方法，回归到前两代的方法，以维护自己的生活品质。

到现在，又有第四代时间管理理论出现。与以往截然不同之处在于，它甚至根本否定了“时间管理”这个名词，主张对时间的规划关键不在于时间管理，而在于对个人的管理。管理者与其把重点放在时间与事务的安排上，不如把注意力放在维持产出与产能的平衡上。

企业要有规律，管理就要一碗水端平

管理者要奉行公平的原则来处理自己和员工的关系。管理者和员工是平等的，管理者要放下架子和员工交流，尊重每个员工的人格和尊严，真诚地关心每个员工，才能与员工建立良好的互动关系。管理者还要公平地用人，不以员工与自己的亲疏远近来评定员工的能力，要唯才是用，以才能作为任用员工的主要标准，使员工拥有能发挥才能的空间和职位。

2003年新东方成立了教育集团，花费100万元委托普华永道重新分配高管和股东们的股份。创始人俞敏洪因此被看成是家族企业和管理混乱的主要负责者，退居二线，担任董事长。由胡敏任总裁主政新东方，胡敏大刀阔斧，对新东方的组织和人事制度开刀。

胡敏对于新东方的内斗和管理混乱，开出了公司规范化的药方。在胡敏的主持下，股东会、董事会、监事会到总裁办公会的组织结构和职业化管理结构，在形式上从新东方建立起来。但问题是，胡敏的改革并没有触及新东方管理弊端的内部。

实际上，新东方合理的利益分配机制尚未成形。这就产生了新的问题，用江博的话说就是，“每一个人都想在新东方拥有什么，又惧怕别人拥有更多”。仅仅一年后，宣布把工作重心转移到战略和上市目标的俞敏洪，不得不重回新东方，收拾残局；在混乱中，胡敏向俞敏洪递交辞呈，离开了新东方，另立门户。新东方第一次职业化管理的尝试，最终以大乱的失败形式告终。

2005年，是新东方上市前的关键一年，管理的专业化、职业化水平要求遽然提高，俞敏洪迫切希望解决公司的管理短板问题。这一年，新东方第一次公开向全球招聘高级管理岗位人才。面对媒体，俞敏洪按捺不住求变、求贤的心情，向外界呼唤：“现在新东方不缺优秀的校长和老师，许多中高层领导都是从最基层提拔起来的，急需专业的国际化人才，特别是在财务、市场、人力资源等领域。”

俞敏洪作为董事长，这样解释他的这一举动：现在新东方急需这样的专业管理人才，如在人力资源方面，可以为新东方搭建一套先进的十几年不过时的平台，在财务和运营方面也可以提出自己的看法和见解。新东方也将实行人才提拔双轨制度，内部培养有潜力的人员，但这需要时间，而招聘的高管来了就能独当一面。

随后，一大批优秀的职业经理人空降新东方，打破了内部的利益藩篱。例如，原来四分五裂、各条各块一家独大的主要依靠——财务独立，随着新东方CFO谢东萤的加入，会计事务所审计、内部成本风险控制、第三方监督等新的财务管理制度建立，抵消了新东方各个板块的利益阻力。

随着公开、公平、透明，风险可靠的硬财务制度的建立，原来依附其上的内部斗争，基本终结。在新制度的阳光下，新东方的人事、产品、业务，重新走向正确的轨道。管理者和员工各司其职，和谐的秩序初步建立起来。俞敏洪曾设想过的管理权和所有权两权分立的新东方图景，有条不紊，在职业管理团队的打理下，渐渐清晰起来。

“很少有企业的改革像新东方这样，从大乱实现大治。”俞敏洪这样评价新东方的职业化管理进程。在第一代新东方人，给学生们留下了无数传奇的故事和个人英雄主义之后，新东方开始以规范化、制度化、完全透明的现代企业的形象出现。而新东方的上市，又从根本上停止了公司内部文人之间无休止的内讧，同时也把补习班形式的短期教育培训，推向了流水线的大规模制造之中。

如果比较一下中外企业的管理、制度体系和核心竞争力，中国企业的优点固然很多，例如人力成本低、市场利润水平总体较高、增长潜力大、可塑性强等，但是缺点也十分明显。大多数的中国企业，即便是民营企业500强、在海外上市的中国概念公司，管理上都存在这样或者那样的缺陷。一些投机者，甚至是巴菲特这样的价值投资者，都对中国公司管理层的不成熟、非职业化、家族化集权、决策风险大等问题颇为敏感。

事实上，这些问题，绝大多数都与管理专业化、职业化程度较低，内部管理和风险决策制度不完善有关。所谓管理的专业化和职业化，本质上都属于管理人员职能和责任的专门化、制度化问题。

管理者能否公平地用人影响着人才能力的发挥和企业实力的发展。管理者只有做到唯才是用，公平地对待每个人才，给予其合适的发展空间和职位，人才才会以最大限度发挥才能来回报管理者的公平待遇。如果违背了公平原则，管理者就失去了人心，失去了人才就失去了企业的核心竞争力。

权力不能掌控太紧，不放权员工如何放手去干

对于企业管理者来说，懂得适度放权是非常明智的选择。任何一个管理者，都没有足够的时间完成所有他想完成的事情。所以，管理者应该学会如何放权让别人去完成一些事情。管理者没必要事必躬亲，尽量减少管理，放手让别人干，才是明智之举。

索尼的老板盛田昭夫就是一个懂得适度放权的人，同样，被他提拔的井深大也是这样的人，他们二人共同创造了索尼的辉煌。井深大刚进索尼公司时，索尼还是一个小企业，总共才20多个员工。盛田昭夫信心百倍地对他说："你是一名难得的电子技术专家，你是我们的领袖。好钢要用在刀刃上，我把你安排在最重要的岗位上——由你来全权负责新产品的研发。对于你的任何工作我都不会干涉，我只希望你能发挥带头作用，充分调动全体人员的积极性。你成功了，企业就成功了！"

这让井深大感受到巨大的压力。尽管井深大对自己的能力充满信心，但

还是有些犹豫地说：“我还很不成熟，虽然我很愿意担此重任，但实在怕有负重托呀！”盛田昭夫对他很有信心，坚定地说：“新的领域对每个人来说都是陌生的，关键在于你要和大家联起手来，这才是你的强势所在！众人的智慧合起来，还有什么困难不能战胜呢？”

井深大兴奋起来：“对呀，我怎么光想自己，不是还有20多名富有经验的员工嘛！为什么不虚心向他们求教，和他们一起奋斗呢？”于是，井深大信心满满地开始投入工作。就像盛田昭夫放权给他一样，他把各类事务的处置权下放给各个部门，比如他让市场部全权负责产品调研工作。

在大家的团结协作下，一道道难关接连被攻克，索尼于1954年试制成功了日本最早的晶体管收音机，并成功地推向市场。索尼公司凭借此产品傲视群雄，进入了一个引爆企业发展速度的新纪元。

在这个案例中，我们应该注意最为重要的两个环节：盛田昭夫放权给井深大，井深大放权给其他部门。在充分授权下，索尼公司最大限度地发挥出团队的整体作用，调动了每一位员工的积极性，从而取得巨大成功。

万通董事局主席冯仑说王石是个倔老头，但冯仑也曾由衷地赞叹：学习万科好榜样！万科逐渐成长为中国房地产龙头企业，王石可谓功不可没。但是他又被很多人诟病，原因是作为一家上市公司的原董事长，王石一年中有近三分之一的时间在外登山、跳伞、玩极限运动等。这在很多股民的眼中是“不务正业”的行为，自然会招致众多非议。但是，王石依旧潇洒，他并不理会这种非议，并在众人的非议下登上了珠穆朗玛峰。

对王石的这种潇洒玩法，很多商业大佬都发表了自己的看法。张宝全把王石称为中国房企的“精神领袖”，他认为：“王石的领导方式是独具特色的，他不像小企业那样进行人盯人的管理，而是实现了‘人治’下的‘法治’建设，形成了流程管控而不是人力管控。对企业的领导来讲，最重要的是他的经营思想和所建立的体系。”

张宝全还认为：“王石的行为是可以理解的，甚至是非常优秀的，这是他在企业经营、资本经营方面的独到见解。我们不应该用世俗的标准来评判一个企业家，而应该站在企业战略的高度来对他进行鉴定。”

张宝全如此说的根据是王石虽然喜欢登山等多种运动，并且为之花费了大量的时间，但是万科的发展没有受到任何影响，并且还运行良好，这就说明王石是领导有方的。

但是，地产狂人任志强不赞同王石的做法。任志强认为：“高级管理者必须首先遵守公司制度。我们不是皇帝，不是在经营私人资产，而是受股民委托从事职业经理人的工作。作为职业经理人，必须遵守职业道德，这种道德是受制度约束的，是由股民决定而不是你自己决定的。所以我认为王石的行为是违反制度的，是对股民的不尊重。因为他肯定没有事先向股民请示，而股民也没有批准。”

任志强的意思是说，既然在其位，就要谋其政，这样才是一个负责的企业领导者，才是一个对股民负责的领导者，否则，就是违反职业道德。

面对众人的非议，王石自然有自己的见解，他认为自己不是工头，没有必要干涉所有企业的管理，同时他认为如果万科离开自己就发展不下去，那万科就是一个不正常的万科。适度放养是王石的管理智慧，也是王石能带领万科一路向前的重要原因。所以，王石继续“不务正业”，并且理直气壮。

这就是放权的魅力。管理者适度放权可以营造出企业与员工的信任，让企业的组织结构扁平化，更能促进企业全系统范围内的有效沟通。权力的下放可以使员工相信，他们正处在企业的中心而不是外围，他们会觉得自己在为企业的成功做贡献，他们的积极性将空前高涨，潜能也会被激发出来，他们将表现决断力，勇于承担责任，并在一种积极向上的氛围中工作。在这样愉悦、上进的氛围中，员工不需要通过层层的审批就可以采取行动，参与的主动性大，增强企业实力的目标自然会很快得到实现。

控制你的态度，领导更需谦虚行事

谦虚使人进步。身为领导，对待工作要懂得谦虚，借鉴他人长处，进而将自己的才能发挥到最大限度，这样才会获得更高的权威。反之，如果领导目空一切，这样的行为只会成为自己前行道路上的绊脚石，不仅失去了下属对你的支持，还失去了下属对你的尊重。

孔圣人说："三人行，必有我师焉。择其善者而从之，其不善者而改之。"意思是在众人之中定有我们需要学习的地方，把别人视为一块明镜，发现自己的缺点，学习别人的长处，若有缺点就改正，无则加勉。所以，敏而好学，不耻下问，虚怀若谷，是每一个领导者通向成功的重要前提。

某企业有一位领导平日里非常谦虚，有一次他看到他的一个普通下级在报纸上发表的一篇文章，感到写得很好，就亲自一笔一画地抄写在自己的本子上，这种虚心向下属学习的精神不能不让人产生敬意。

俗话说，不耻下问，实际上，领导虚心学习下级，更能显示出领导的大度和良好的个人品行。切不可学“武大郎”，唯恐下级比自己长得“高”，有比自己长的地方。

德鲁克在其倡导管理学的一生中，作为纽约大学研究生院的管理学教授，在教授学生之余，他不仅一直都在向他的学生们强调学习的重要性，同时他自己的一生也从来没有放过向任何人学习的机会，只不过相对于大多数人来说，德鲁克的学习往往有着更多的目标性。德鲁克对知识的获得主要是通过书本，无论是谁的著作，只要是和他想掌握的知识相关，他都会拿过来认真研读。而对包括美国通用电气、IBM等一些大公司的研究，也让他从一个个企业发展的历程中获得了对理论知识的实践验证机会。

很多人都把德鲁克这种独特的学习方法称为“德鲁克式”学习法，但对于德鲁克本人来说，他认为自己的这种学习方式并没什么奇特之处。当有人问及他学习有什么诀窍时，他总是会笑着说：“三人行，必有我师。”这是孔子在几千年以前说的一句话，却被远在西方的德鲁克牢牢记住了。因为早在20世纪80年代初期，德鲁克便来过中国，并且对当时中国的企业管理者们提出了很多中肯建议。其中，他特别强调管理人才的问题，认为中国正面临着最大的需求和最好的机遇，应当快速培养起一些卓有成效的管理者，并且他还特意强调：“卓有成效的管理是可以学到的，也是必须学到的。”

其实不仅仅是中国的企业，当前很多国家的企业都需要卓有成效的管理者。而无论是企业的管理者，还是企业员工，从德鲁克的话语中都可以看出他对学习所持的态度。在德鲁克看来，一个人拥有多少才能并不是最主要的，关键是看他是否能够始终保持一种积极学习的态度。学习能够让人不断地积累知识，并不断开阔自己的视野。就像德鲁克自己一样，他从来没有进过一家企业做过管理者，只是通过自己对书本和对美国一些企业的研究，就写出了40多本管理学著作，并且这些著作还得到了比尔·盖茨、杰克·韦尔奇、安迪·格鲁夫等人高度的称赞，甚至很多企业的CEO将德鲁克的每一篇文章都奉若经典。这些有着丰富的成功实践经验的企业管理者们，之所以如此追捧德鲁克这样一位没有企业管理实践的教授和学者，其实就是源于德鲁克用自己永不止步的学习而取得的出类拔萃的卓越知识和独到的眼光与智慧。

善于向任何人学习，成为德鲁克一生的追求。在这方面，作为德鲁克管理学理论忠实信徒的通用电气公司的前CEO杰克·韦尔奇，可以说将德鲁克的这一理论发挥到了极致，并且因此让通用电气走向了更辉煌的阶段。

在执掌通用电气公司之后，韦尔奇通过大举裁员与部门融合，对通用现行的体制进行了由上到下的重新洗牌，而就在很多媒体和通用公司的员工都对韦尔奇此举纷纷表示质疑的时候，韦尔奇再次提出了一个出乎所有人意料的决策，即号召整个公司的员工都要“以全球所有的公司为师”的企业管理理念。尽管很多华尔街的财经人士都对韦尔奇的此举表示赞同，并且通用公司的股票价格也因此而出现了上涨，但公司的管理体制实际上早已是千疮百孔，所以摆在韦尔奇面前最大的问题就是建立一个健全的机制。

由于对德鲁克管理学的深刻领悟，韦尔奇没有单纯地做出组建新团队的举措，而是从企业发展的角度出发，将目光放在企业与市场的高度。因为他明白，只要动员整个企业员工和管理层展开一场向优秀公司学习的热潮，就能够彻底摆脱通用公司当前所面临的困境。

在韦尔奇的“向任何公司学习其优秀的管理经验”的口号下，通用公司重新焕发了神采和活力——不仅20年，公司的净利润出现了大幅度的提高，以107亿美元的年盈利成为全球第一，韦尔奇本人也被誉为“世界第一CEO”。与此同时，向优秀的企业学管理的做法，也让很多在通用公司管理层工作过的基层领导者通过学习收获了很多知识和宝贵的经验，后来成为各大公司的CEO，而通用公司也被誉为“全球经理人的摇篮”。

由此可见，德鲁克以其自身的经验留给了后人很多无法估量的宝贵经验，尤其是敢于向任何人学习已经成为众多企业管理者的一项共识。

虽然有很多例子可以证明，领导应该抱有一颗向下属学习的心，但是有些领导还是很担心，如此一来自己的权威是不是会有所动摇？会不会让自己的尊严受到打击？更重要的是向下属学习就等于承认自己的能力不如下属，这是很难让身居高位的领导者接受的。那么领导者该如何面对不如下属的尴尬？

天士力制药股份有限公司总经理李文是这样说的：

“每个人都会有一个心理底线，如果说一定是只有一个位置，而我们两个人非此即彼的话，很可能谁也容不下谁。但事实并不是这样，家庭式作坊的运营模式早已被企业淘汰，现在的企业拿出了一套科学化的管理模式。如果有人有某方面的特长，我会安排他做符合他特长的工作。如果他综合能力比我强，我一定会推荐他到其他分公司做经理；或者他坐我这个位置更合适，我可以去其他分公司。

“下属在某一领域强过领导，这是很正常的事情。我们是制药企业，我不是学医出身，可以说我是个彻头彻尾的外行，所以，从这点看，我觉得我手下的人都强过我。但我们现在发愁的还是人才不够多，我们是个求贤若渴的企业，特别是对于像我们这样正处于上升期的企业。虽然我身为领导，但不见得我什么方面都强过我的下属。即使是能力超强的领导，也要依靠他人的辅助才能获得更大的成功，所谓尺有所短，寸有所长。”

领导者承认下属某一方面有比自己强的地方，并不是件令人难堪的事情，这样还会表现出领导者任人唯才的英明。

一位很有成就的管理者说过，他的智慧和能力平平，在公司至多算一般，但有一点是别人无法企及的，那就是他总是设法使比自己聪明的人愿意在自己手下工作。

身居领导岗位的你可以不懂新技术，但是你一定要掌握最科学的管理方法，所谓“闻道有先后，术业有专攻”。

在日常管理中，领导者要善于发现每一位下属的长处和优势，放下身架，谦虚地向他们学习，这样才会不断进步。领导者的管理方式成功与否，不在于其是否具有非凡的能力，而是表现在不断地借鉴别人的长处，通过借鉴和学习别人的优点来逐步完善自己。所谓“成功是经验的积累”便是这个道理。

控制“独断”思想，决策多听听他人意见

正确的决策应该常在多种不同而且互相冲突的见解中产生，常在多种旗鼓相当、优劣互见的方案中产生。思想只有碰撞才能产生火花，要不然，一言堂的决策只是片面的，往往会顾此失彼。

对于企业经营者来说，拥有权力并不意味着样样都在行，以至于不需要依靠别人的帮助就能做决策。一个人的力量必定是有限的，团队的力量才是无限的，这就要求企业经营者在做决策的时候要依靠团队。

腾讯做决策的方式是非常理性的，不存在所谓的一人独大，而决策的流程也非常理性。通常，在做一件事的时候，马化腾会第一个提出想法，然后让员工们提出建议，大家会把这些建议收集起来，互相沟通，制定最切实可行的决策。依靠这种方式做出的决策，往往是理性的，也是非常成功的。腾讯这种民主决策氛围从一开始就建立起来了。

1998年，腾讯初创时期，除了马化腾让自己，还有另外四个创始人：张志东管研发，包括客户端和服务器；曾李青管市场和运营，主要和电信运营商合作，也外出找一些单子；陈一丹管行政，负责招人和内部审计；许晨晔管对外的一些职能部门，如信息部、对外公关部都属于他的管理范畴，最开始的网站部也在他的管辖范围内。这五人就是腾讯的“五虎将”，也是腾讯的五人决策团队。此时的腾讯，马化腾虽然一股独大，但他并不会绝对控股，这从一开始就使腾讯的创始人团队形成了民主决策的氛围。随着腾讯的

不断壮大，即使发展到万人规模，仍旧保留着这种民主决策的风格。

腾讯五人决策团队的建立，就是为了保持民主决策的氛围，让任何人都不能独断，让任何决策都可以在讨论中进行，最终让集体来决定应该运用什么样的决策，从而保证决策的合理性。

马化腾的集体决策理论是一种明智的企业管理方式。对于企业管理者来说，决策是管理活动中最重要的一步，而要迈好这一步，就要做到合理决策、科学决策、有效决策，而合理、科学、有效的决策不是一个人能制定的，需要依靠集体的力量。然而，在现实生活中，很少有人能够做到这一点。

抗日战争期间，美国工程师萨凡奇提出在三峡南津关河段修建三峡工程的方案，但由于当时的种种条件限制，这一方案一直没有被采用。新中国成立后，长江流域规划办公室的同志仔细研究了这一方案后认为，上述河段石灰岩溶洞现象复杂，存在溶洞绕坝漏水的问题，地基不容建坝，便没有采纳萨凡奇方案，另选了南津关河段上游30多公里处的美人沱河段为三峡大坝坝址。

20世纪50年代，我国邀请苏联专家和长江流域规划办公室的同志一起研究坝址方案。但是苏联专家不同意在美人沱河段建坝，因为在美人沱河段建坝会导致坝址上移30多公里，会损失10米水头，这等于损失了一座300万千瓦装机的大电站，此外，会使美人沱至南津关的峡谷河段成为碍航道。但是萨凡奇方案就不存在这些问题，因此他们主张采纳萨凡奇方案。

但是长江流域规划办公室的同志却坚持在美人沱河段建坝的方案。双方的意见针锋相对，谁也不肯妥协。可正是双方意见的这种尖锐对立，引起了对方的注意。苏联专家从长江流域规划办公室同志的否定意见中，认识到需要研究南津关河段坝址漏水的问题，长江流域规划办公室的同志从苏联专家的否定意见中，明确了需要深入研究美人沱河段坝址水头损失和碍航的问题。

于是苏联专家组织一些造诣较深的专家和院士，到现场勘查研究，大量的勘探和有关资料证明，南津关河段的地质情况比原来设想的复杂得多，确实不容许建坝。而通过勘查，长江流域规划办公室的同志发现在美人沱河段建坝确实存在水头损失和碍航问题。所以，双方的方案既有优点，也有缺点。

那怎么办呢？通过讨论，双方达成一致，提出了三峡工程—葛洲坝工程方案，即除建三峡大坝之外，再在下游葛洲坝修建一座大坝，这样，既可以多发电，又可以改善峡谷河段的航道。这一方案兼有长江流域规划办公室和萨凡奇方案的优点，又避开了这两个方案中的弊端，经过双方讨论，一致认为这一方案是可行的、合理的。

1970年，国家批准这一方案，又经过初步设计，开始兴建葛洲坝工程。从1981年第一期工程通航、发电以来的实践证明，这一方案是正确的。

曾有一位管理学大师说过，除非有不同的见解，否则就不可能有决策。三峡工程—葛洲坝工程方案的提出，正是由于不同见解碰撞的结果，试想，要是当时苏联专家同意长江流域规划办公室同志的方案或者长江流域规划办公室同志同意苏联专家的方案，那么三峡工程—葛洲坝工程方案也就不可能出台，也就没有今天葛洲坝的成功。

仔细分析一下，决策失败的主要原因是参与决策的头脑太少。在实际工作中，时常看到的情况是：一个重大的决策通常只由几个甚至一个大脑决定。这种决策方式带来的风险是：由于决策者个人掌握的信息有限，造成决策的严谨性与周密性不强；由于决策者对未来形势的变化估计不足，导致做出了错误的决策假设；由于决策者多数不是一线执行人员，导致决策指导不了操作，缺乏可执行性。这就使得企业在决策过程中存在很多误区，这些误区将会使决策驶向错误的航道，从而影响企业的发展。

要想决策正确、合理，就需要了解不同的信息，需要对企业经营中的不同情况进行有效判断，但是任何决策者都不可能掌握全部的信息和资源，所以决策者必须重视别人的意见。尽管某些意见不能被采纳，但至少可以作为决策的参考，即使是那些反对的意见，也可以提醒决策者需要规避决策中的风险。

管理者所制定的决策，如果是众口一词的决策，通常不一定是好的决策。好的决策，唯有靠冲突意见的碰撞，唯有靠不同观点的交锋，唯有靠不同判断的抉择，才能建立起来。因此，决策的第一条规则便是：没有反对意见，便没有好的决策。

领导不是什么都懂，不断学习是打开财富之门的钥匙

现在是一个知识大爆炸的时代，哪一天如果你不学习，可以毫不夸张地说，你就会落伍。困难就是一座山，无论是个人还是企业，都会不断地遭遇到这样或那样的困境，如果面对困境知难而退，那么最后只能收获失败的结果。而解决困难的办法就是学习，只有勇于学习，并大胆地借用前人的经验或文明成果，才能够为个人或是企业的发展寻找到一个个解决困难的方法。因此，学习不仅是解决企业重重问题的指明灯，同时也是企业打开财富宝藏的金钥匙。

企业管理者是一家企业的战略发动机，如果管理者连战略眼光都没有，又怎么来为企业制定符合实际又能给企业以指导的战略呢？而学习充电就是提高自己战略眼光的途径之一。

瞿虹是湖北首届十佳职场魅力女性，身兼湖北对外服务有限公司总经理一职，她本人就是终生学习的践行者和代表。她在华中科技大学读完经济学的研究生后，又到武汉大学在职高级工商管理硕士研修班进行深造。据了解，武汉销品茂总经理刘焕来、副总经理周利群等，虽然早已从清华大学在职高级工商管理硕士研修班毕业，但是仍旧几乎逢课必听。根据清华大学清远教育中心的统计数据显示，仅用半年时间，30名已毕业的总裁级别的学员纷纷续办学员卡。凭借此卡，中心每月一次的高级工商管理论坛活动对他们自由开放。

我们处于一个风起云涌的时代，而变化源起于不同的方向。处于这种情势之下，有效能的管理者必须能够抓住机会，并且和机会赛跑，还要持续学习，经常更新知识才行。在过去的10年，我们社会里最重要的变化之一就是，人们终于认识到受教育已不仅仅只是在学校里完成，而是一生中都必须持续进行的事情。变化首先来自市场。在这个变化过程中，作为市场经济当中最活跃的中国企业管理人员急需充电，已经是不争的事实。

比尔·盖茨早在他在哈佛读大学期间，就曾信誓旦旦地告诉自己的老师，说自己在30岁的时候会成为一个亿万富翁。事实上，盖茨31岁时真的成了一名亿万富翁。盖茨的预言绝不是凭空的猜想，而是他对自己的人生实施目标管理后的一种理性推测，因为早在他刚刚17岁的时候，他就向他的一位中学老师卖出了自己平生第一个电脑编程作品——一个时间表格系统。当时，盖茨与他那位中学老师的成交价是4200美元。可以说，这在当时是一笔不小的财富。

盖茨为了实现自己亿万富翁的人生目标，在哈佛大学读书期间就参与编写了Altair BASIC，后来成为Microsoft，也就是微软的第一款产品。尽管Altair BASIC是当时盖茨与其他几个同学一起编写出来的，并不是他自己的发明，它同样是基于1974年INTEL研发出的8位微处理器8080的基础上发展出来的，只不过，当时是在只有4K存储的PDP-10计算机上编译出来的。盖茨和他那位大学同学的这一做法，完全是因为他善于在继承一切文明成果的基础上，通过自己的学习和理解对前人的理论进行拓展性的改良与发展，从而拥有了属于自己的产品。

后来，当盖茨得知国际商业机器有限公司正在寻找一款新的操作系统来更换它们原有的操作系统时，他就从他一位同学手里买下了对方刚刚编写出来的一款新的操作系统，并转手以更高的价格卖给了国际商业机器有限公司。这本来是一种纯粹的商业行为，只不过，盖茨在将这款操作系统卖给国际商业机器有限公司时留了个心眼——对方不能独享这个系统。可以说，盖茨的这一做法，给他的微软带来了意想不到的收获。因为盖茨后来创办微软之后，他花了几十美元从大学同学那里买来的那个操作系统，也就是DOS操作系统，将盖茨的事业一步步推向了巅峰。在后来的日子里，盖茨和他的微软公司，正是在DOS操作系统的基础上，经过了反复研究和改良，推出了一个全新的操作系统——MSDOS操作系统的，而从此盖茨便开启了他的微软时代。

其实不仅仅是德鲁克和盖茨，包括后来谷歌的创始人谢乐盖·布林和拉里·佩奇等人，他们都是在学习和钻研中慢慢成长起来，并创造出了属于自己的惊人成绩和财富的。由此可见，只有努力学习，并在学习中继承那些优秀的文明成果，才能不断前进和发展，成就伟大的事业。

不过，对于管理者而言，时间也就是金钱。如果充电学习没有从自己的实际出发，那么不但充电不成，还浪费了自己宝贵的时间，所以，不同层次的管理者应该选择不同的充电内容。

对于大型企业高层来说，宜以战略修养为重点。当企业达到一定规模的时候，对企业管理人提出了更高的要求，北大光华管理学院院长助理何志毅教授认为："企业管理人员本身对企业的经营管理负责，不但有很好的实践经验，还需要掌握系统的管理知识，需要具备国际视野和战略眼光。"此时的企业需要管理者着眼于战略规划、竞争优势、提高商业洞察力，这类管理者就应该选择战略修养作为自己的充电内容。

对中层管理者来说，则重在操作性。一般来说，中层管理者都是从业务骨干中提拔出来的，这些人身兼决策及实施职能，在系统的管理知识和科学的分析方法方面有所欠缺。那么这类管理者就应该选择在管理方面具有操作性的内容作为自己的充电内容，以求系统而全面地掌握现代管理学的基本概念、管理的基本原则和实用管理方法、技巧及应用工具，以求使企业管理团队对现代企业管理规则有正确和统一的认识，真正领会管理的精髓。

Part 9 交际懂得自控，不要用你的话语重伤他人

聊天要自控，不可碰触他人的“污点”

每个人或多或少都会有污点，毕竟人无完人，但在交际中，我们绝不能只盯着他人的污点看，甚至因此对其不屑一顾。这是无礼的表现，不仅会伤害他人，给自己树立不必要的敌人，还会影响自己在大众面前的形象。

聊天是一门学问，如果总是轻易对有污点的人失礼，盲目地自我感觉良好，就容易使自己处于危险之中。久而久之，自己也会失去人心。

我的朋友张冰是高级俱乐部的会员，俱乐部每个月都会举行社交宴会，每次都会来很多名人，为拓展人脉提供了绝好场所。在这里，大家都会尽情展示自己的交际之术，以此来获得别人的关注。

张冰性格比较冷傲清高，她来这里的目的就是寻找完美的合作人。在交谈之中，她从别人口中听到了科技大亨张先生的“丑闻”。

据说张先生离过三次婚，最近的一次是上个礼拜。他的“小媳妇”偷了他很多钱，最后跟别人跑了。

张冰一听就对他满脸不屑，她认为这么花心滥情的人简直就是可耻的。

“你们好，我是张先生，很高兴认识你们。”没多久，张先生就过来打招呼。其他人都很热情地给予了回应。

“哼。”张冰满脸不屑，她理都不理张先生，径直走开，跟其他人打招呼去了。张先生非常尴尬，他深深地记住了张冰。

有好几个朋友都提醒张冰，不要太过情绪化，不能对别人无礼，哪怕是有污点的人，他也会有了不起的一面，说不定还能成为合作者。张冰年轻气盛，对大家的劝告不屑一顾。

这世界真小，后来有一次张冰跟着同事去会见客户，结果正巧碰到了张先生，他什么也没说，只是含笑看着张冰。

这时，张冰懊悔死了，她真后悔当初让张先生下不了台，现在对方肯定不会跟她合作了。事实上，张先生是非常理智的科技大亨，他没有太为难张冰，但合作期间也只跟张冰的同事详谈。此刻，张冰才真正意识到当初的失礼是多么不应该的事。

从那之后，她再也没犯过类似的错误，她时刻铭记，他人的污点绝不应成为自己失礼的理由。

所有人都有缺点，甚至是污点，如果只盯着他人的污点看，必然会变得心胸狭隘、斤斤计较，失去更多朋友，变得更加孤独。

社会中人际关系是非常复杂的，如果不能说出得体的好话，就不要信口开河。有些人就喜欢背后说别人的污点，到处宣扬，甚至当面出言不迹，做出失礼的举动。这是所有悲剧的开始，很多后果往往是不能预料的。

有人说过，与他人相处时，如果只盯着对方的缺点，一天也无法跟他继续交往下去；如果在看到缺点的同时还能看到优点，那么做一辈子的朋友也没问题。在交际时，太过苛刻，眼光太过挑剔，很容易会成为众矢之的。

也许你认为轻视别人没关系，但他人会记住你的失礼，以致记恨、反感，不利于人际关系的建立。

跟人交际时，要时刻注意对方的面子，毕竟在交际场合，面子对每个人的意义都是非常重大的，所以最好不要做失礼的事。不要逞一时之快，而在人际关系中落于下风。

在交际中，为了给他人留下好印象，我们会刻意注意很多问题。如果你对有污点的人失礼，给他人留下不懂事的坏印象，于己于人都是有害无利的。

很多人在交际中都会犯这样的错误，喜欢拿别人的污点进行打趣。也许，开玩笑的人只是随口一说，但被说的人心里肯定会很不高兴。如果没有眼力，通常得罪了人还不自知。总之，在交际中一定不要随便看不起人，不要看到有污点的人就侧目，你的一时失礼，会为以后的人际关系埋下祸患。所以，要时常约束自己，不要做失礼的事。

“打人不打脸，揭人不揭短。”当面对有污点的人时，一定要避开涉及其污点的话题，如此才能避免失礼，不致引起对方不悦。当有人说及某人的污点时，我们也不要太当真，要根据自己的是非观念来判断，更不能听完之后就大肆宣扬，表达对当事人的不满。

拿别人缺点说事的人，不仅会得罪当事人，旁人也会认为他无知，反而损害自己的形象。当听到闲话时，我们还要及时制止，体现我们的理性和睿智。

除此之外，在跟人相处时，要多肯定他人的优点，每个人都有想得到肯定的心理。每个人都有污点，也会有优点，多肯定他人的优点才能跟大家友好相处。当别人都在拿他人的污点说事时，如果你能肯定他的优点，必然会得到感激，他日获取帮助时也会容易许多。

有一次，我和前同事李亮一起吃饭，他给我说起他遇到的一个故事。

李亮是个朝九晚五的上班族，他最爱在下班的时候买水果。一天，楼下来了个卖水果的新摊，他决定去买一些。

结果，他挑完水果之后才发现自己的钱包不见了，找了很久也没找到，当时真是尴尬极了。

“你是李亮吧？”卖水果的男子居然认出了他。

“对，对，我是。”李亮连声应答，却不认识摊贩。

“我是小杜啊，之前在你们公司上过班，你不记得了？”

说到这里，李亮才有了印象。当时，小杜娶了一个长相难看的妻子，大家没事就笑话他，只有李亮一直很尊重他，肯定他的工作能力。

“这些水果你拿着吃吧。”小杜非常热情，让李亮感动不已。

虽然是件小事，但不难看出，多肯定他人的优点、少说他人的缺点，是赢得大家喜爱的好办法。

如果在谈话时，非要提及他人的污点，也要掌握正确的方法。语言要含蓄，说法要委婉，最好一带而过。如果说话太过直接，很容易伤害对方的自尊，将矛盾激化。

每个人都有缺点，如果我们能客观真诚地看待评价，相信他人也不会说什么，但万不可出言不逊，幸灾乐祸，如此失礼，后果会很严重。

交际是个彼此照应的过程，如果你能面对他人的污点不失礼，来日自己犯错时，对方也能保全你的尊严，以礼相待。这个简单的道理，想必很多人都知道，但往往因为感情偏见，而用有色眼镜看待别人，其结果也无非是逞一时之快，害人害己。

在跟别人说话时，要客观看待他人，讲究正确的交谈策略，不主动提及他人的污点，不碰他人的伤疤，用温和的态度以礼相待，你会发现，你的世界会宽阔许多。

一句话能把人说笑，一句话也能让人跳脚

俗话说得好："懂聊天的人才会交际。"在交际中，口才能显出一个人的真功夫。有的人懂得看场合、看人说话，把话说得很"上道"，不仅能得到别人的喜欢，达到自己的社交目的，也能保护自己。

在交际中，如果不懂交际语，就会陷入被动。得体的表达，大方的谈吐，既能展现自己的内涵，又能为你的整体形象加分。

有这样一个小故事：

张琰跟朋友一起开了个画廊，里面有很多名画，前来观赏的人非常多，生意蒸蒸日上。渐渐地，张琰名气在外，跟他来往的人也越来越多。

有一次，几个老朋友一起喝酒，其中一个喝高了，坐到张琰跟前，拍着桌子说："张琰老弟，我今天在你店里看上了一幅画。"

张琰一听，以为朋友要买，正估摸着给他一个优惠价。张琰还没来得及开口，朋友就说："我看上了，你送给我行吗？"

张琰一听就愣住了，这个店是他跟朋友一起开的，自己也做不了主，而且那幅画价格不菲，他是断然不能白送的。

"画廊不是我一个人的，我做不了主。要不这样，我给你一个大优惠，你说怎么样？"

"如果要出钱，我还会去你那里买？咱们是朋友，不要谈钱，我就想要那幅画。"

那么多人在场，张琰一时不知如何是好，于是灵机一动，决定这么说。

"我先给你讲个故事吧，"张琰说，"从前有个吝啬的员外，非常小气。有次他想喝酒，就把酒瓶子给了下人，却不给钱。他告诉下人，不用钱就能买到酒才是本事。下人很无奈，后来拿着空瓶子回来了。他告诉员外，从空瓶子里能喝出酒才是本事。员外听了，无话可说。"

这个故事表达得很明白，讽刺了那些不想付出就想索取的人。朋友听了张琰讲的故事，心里瞬间明白了，再也不开口索取名画。

张琰的故事讲得恰到好处，既没得罪人，又回绝了别人的无理要求。口才体现了一个人的综合素质，会说话才能把事办好。

我们经常说："一句话能把人说笑，一句话也能让人跳脚。"由此不难看出，语言的魅力是非常大的。会说话的人能让谈话效果变好，不会说话的人则会让人生厌。口才是门艺术，不同的说法，不同的表达，产生的效果也大相径庭。

在社交场合，有的人一开口就赢得了大家的注意，而且不由自主地跟着他的话题走，连适当的反驳也说不出来。而有的人，一开口就是硬伤，不经意间就碰了钉子。这是为什么呢？这是由于后者完全不懂口才艺术，话拿过来就说，不经过大脑。

口才好的人，哪怕是在批评对方，对方都能心悦诚服地听进去，这就是高超的口才艺术。掌握说话的方法和技巧，才能在交际中如鱼得水，游刃有余。

其实，说话有很多技巧和方法，同一个意思，不同的人表达，效果就不同。因此，在平时要有意识地学习说话技巧和表达方式，站在听众的位置上，感受自己的话怎样说才能既不得罪人，又能让对方接受，这是基本原则。

另外，说话时还有很多禁忌话题是不能说的，如果不小心触碰了他人的雷区，你说得再对，他人也不听，甚至还得罪人。例如揭别人伤疤、中伤他人等，都是不可取的。

当然，纵使自己再会说，能口吐莲花，也要管好自己的嘴巴。在交际场合，说话要三思而后行，不要不经过大脑说话，也不能喋喋不休。言多必失，那些真正的社交高手，话不多，但一开口就能说到点子上，这才是口才达人。

一个人的说话方式，体现了他所处的层次。口才好的人，不论何时都会给别人一种机智、得体的感觉，赢得大家的喜爱，是最容易获得成功的人。

首先，在交际中要懂得说好场面话。在交际时，场面话是必须要说的，这不是狡诈和虚伪，而是礼貌。不会说场面话，会让交际变得很尴尬，自己也会变得被动。

不说场面话，很容易举步维艰，让对方感觉你不真诚、不热情。当然，场面话也不是虚无缥缈的，最好尽量说得接近生活，让人感觉真实。

其次，说话要把握好分寸，谨慎说话，管住自己的嘴巴。灵活变化，轻松进退，三思而后行。

“祸从口出”是亘古不变的真理，管不住自己的嘴，说话没分寸，往往会得罪别人。如果导致对方的记恨，那就得不偿失了。

我经常给出版社投稿，和其中一家的一个编辑很熟，她叫李青。她平时为人热情，就是有些口无遮拦。有一次，一个客户来拜访，想更多地了解一下杂志。

李青非常认真，知无不言，言无不尽，把好的、不好的全说了。客户非常感激，临走时还夸奖了李青。

结果领导知道后却批评了她：“你说话有没有分寸啊？什么都说，客户会觉得我们明知道杂志有缺点还不改正，他肯定会不满意，你这个月的奖金没了。”

李青能说会道，但就是口无遮拦，把握不好分寸，这让她明里暗里吃了很多亏。

再次，在跟他人交流时，还要学会投其所好，讲对方感兴趣的话题。很多口才好的人都能做到这些。

你说的话令对方感兴趣，才能更好地在对方心中产生作用。当然，要想投其所好还要付出很多努力，做很多功课。了解对方的喜好、摸清对方的说话习惯等，都是必须要做的。

最后，说话时要避免说忌讳的话题，不要惹对方不痛快。“打人不打脸，揭人不揭短。”没有人想被别人揭伤疤、说缺点，如果说出这些，对方肯定会不痛快。

如果非要说缺点，也要掌握正确方式，尽量说得委婉、含蓄，给对方留足面子。只有尊重别人，才能换来他人的尊重。

当有人遭遇尴尬时，我们要及时挺身而出，用精妙的语言化解，避免让对方受到伤害。

很多时候，大家都不会关注你做了什么，而是在意你说了什么。练就好口才，才能获得更多人的喜爱，才能建立更宽广的人脉资源，成为真正的交际高手。

说话分场合，“入乡随俗”达到社交目的

在交际中，要学会看对象说话，如果忽略了这点，很容易因为话语不得体而引起对方的反感。要掌握必要的说话技巧，看清对象，想好之后再说，如此才有利于建立良好的人际关系，得到好人缘。

有句俗话“见人说人话，见鬼说鬼话”，这不是虚伪做作，而是一种别有深意的说话方式。说话对象不同，个人喜好就不一样。不分对象，乱说一气，肯定会得罪人。

曾听一个朋友讲过他们去拜访老师时的一个故事。

张老师是某大学的研究生导师，快50岁了，每天都打扮得非常时髦。每隔一个月她还会换个新发型，平时用的护肤品也全是高档货。

“哎，我孙子都出生了，我越来越老了啊。”张老师逢人就说，她最怕自己变老。

“大家谁不是越来越老啊，你已经很不错了，看着比同龄人要年轻很多。”

周围人都知道张老师爱美、怕衰老，所以大家都会避开说她老的话题，都不愿意平白得罪人。

有一天，张老师曾经带过的学生来看她，学生毕业后很不如意，就想找老师帮忙，指点一下迷津。

那天，张老师正好感冒了，说话声音沙哑，透着疲惫，整个人看起来也没有精神。

“张老师，好久没见了，挺想你的。”学生把带来的水果放下，开始跟张老师寒暄。

“是啊，好久不见，赶紧坐下吧。”张老师对自己的学生很热情，起身倒水给她喝。

很长时间没见面，学生有些尴尬，就开始没话找话说：“老师，你的声音听起来很沙哑，人也没有精神，看起来比之前苍老了很多。”

听学生这么一说，张老师跟受了打击一样，脸色立刻就变了。

“我只是最近感冒了，有些疲惫。”张老师明显带着不悦。

这时，学生才意识到自己失言了，不该说老师苍老，她那么爱美的一个人，听了这话心里肯定很不舒服。

气氛一下子就变得不对了，学生也没再说自己来的意图，坐了一会儿就走了，张老师也没挽留。

在交际中，很多人都会犯类似的错误，说话不动脑筋，不看对象，最后冒失地得罪人，也无法达到自己的交际目的。

不论是谁，在跟人交往时都必须掌握必要的说话技巧，说话冒失，不看对象，是对他人的不尊重。懂得必要的说话艺术，才能避免尴尬，为社交的顺利进行奠定良好的基础。

交流是双方的，如果只顾自己表达，不顾对方的感受，交际就变得毫无意义了。值得注意的是，看到什么人，就应说什么话。在沟通时，要懂得迁就他人的说话习惯，用对方喜欢的方式表达，如此才能获得他人的认可。这是简单的语言技巧，也是谈话能继续的保证。

有些人认为，看对象说话就是曲意逢迎，是讨好他人、奉承他人，从而达到自己的目的。有时为了博得对方的好感，不惜故意说假话，溜须拍马，无所不用。其实这么理解是错误的。看对象说话是为了统一大家的沟通方式，是对他人的尊重，而不是心怀鬼胎、居心不良。

看对象说话是很有深意的事，其中包含了很多交际常识和谈话技巧。我们要观察对方的为人、了解对方的喜好、探究对方的社交方式等，只有摸透对方，在谈话时才能更合对方心意，跟对方有共同话题。

有些人在交际中总是人见人爱，这与他们看对象说话的交际方式是分不开的。分清谈话对象，才能灵活表达自己，才能在交往中做到得心应手。

不是所有人都爱听好话，不是所有的善意都能被别人了解。也许你说的话不是字字珠玑，但就是能说到对方心坎上，这就是看对象说话的好处，更容易被他人理解，也更容易得到信任。

在与人说话时，首先要进行分类，观察对象是什么样的人，然后再决定用什么方式沟通。分类的方式有很多，可以根据他人的性格、喜好、文化程度、身份地位等，只要找到合适的切入点，就能找到很好的沟通方式，顺利拉近彼此的距离。

在跟性格随意的人说话时，不要太过拘谨。有些人大大咧咧，跟谁说话都“不客气”，其实不然，他们不认为随意是不好的，相反，随意是一种亲近的表现。如果跟这样的人交流，你咬文嚼字、中规中矩，他们就很难对你产生好感。

俗话说“入乡随俗”，要适应对方的说话方式，沟通才能更顺利。

我有一个做业务的朋友，叫成为，他就很懂得这一套。有一次，他到县城谈业务，负责接待他的是小赵。他之前见过小赵，也算熟悉。小赵是东北人，性格爽朗，说话有时也不加遮拦，但能力很不错。

“你小子最近忙什么呢？好久不见啊。”成为很豁达地说，他放下了平时的客套劲。

“哎呀，是你大驾光临啊，真是想死我了。”小赵笑哈哈地打招呼。

“公司要的货物准备得怎么样了？要是没准备好我可饶不了你啊。”成为佯装发狠。

小赵一看更加乐了：“放心吧，我不给别人准备也得先给你啊，谁让咱俩臭味相投呢。”

看似随意的谈话，其实是成为故意营造的，他深知小赵的为人，喜欢跟爽快的人做朋友。如果自己中规中矩，说话礼貌疏离，效果反而不好。

跟沉闷固执的人交流时，说话要简洁而有重点。这类人话少又固执己见，面对他们，不要迂回说话，通过观察找出对方感兴趣的话题，然后再直截了当地询问就可以了。这类人很反感滔滔不绝，讨厌兜圈子，喜欢直接进入主题。

面对傲慢无礼的人时，尽管讨厌也要耐着性子继续交谈。对这样的人，不需要太过客气，说话要有力，有自己的主见，但万不可伤害他们的面子。傲慢的人常常唯我独尊，一旦觉得丢脸，会做出不理智的事。总之，跟这类人交往时既要强硬，还要适当地软弱。

在跟地位比较高的人说话时，要尽量客气，说话不能太随便，要表现出自己的尊重。要三思而后行，尽量说符合对方身份的话，不能按照平时的说话方式随意说。不需要表现出多亲切，但一定要恭敬有礼。

跟文化水平高的人说话时，语言可以适当书面化、深奥一些，可以对语言进行修饰，可以适当含蓄。但跟文化水平低的人就不能如此了，不要夹杂难懂生僻的话，也不要文绉绉的，对方会不适应，为了避免尴尬，最好多说些大白话。

面对虚荣的人时，不妨多称赞一些，多恭维点，他们会很受用；面对深藏不露的人，最好先向对方表达自己，之后对方才会变得主动。

面对性格温暾的人时，要控制好自己的脾气，说话不要太急，要耐着性子配合才行；遇到自私的人时，不妨先提一些对方可以获得的好处，夸大事实，看到好处，他们自然会变得“友好”。

不论什么时候，交际都离不开交际对象，在交流时要根据对象的具体情况选择说话方式，这样才能避免失礼，才能搭建良好的沟通平台，才能达到自己的社交目的。

说话顺耳，别人才更容易接受

话不在好，而在耳顺。好听的话，他人更容易接受；难听的话，对方只会抗拒。同一个意思，有的人说别人就乐意听，有的则相反，这就是表达方式不同的结果。

会说话是一种技巧，如果掌握了，不好听的话别人也能听出善意，不讲究方法，纵然是表扬，对方也不会领情。

我居住的小区有一个“大嘴巴”，叫王树。每次提到他，大家都一脸嫌弃地说：“那个人太不会说话了，好话到他嘴里都变了味，更别提坏话了。”

小区里张大爷的儿子为了救掉到河里的孩子去世了，张大爷非常伤心，一时很难接受这个事实。

大家知道后争先安慰，希望张大爷能接受现实，好好振作起来。

王树知道后，也想去表达自己的同情。

张大爷不哭也不说话，只是呆呆地看着儿子的遗像，大家在一边暗自叹息，都不好开口。

王树按捺不住了，他张口就说：“张大爷，你不要难过了，你的儿子已经死了，他再也不会回来了。”

听了王树的话，张大爷像是受到了刺激，抓起脚下的东西就砸向王树：“你这个多嘴的王八蛋，给我滚，我儿子没死，你儿子才死了呢。”

张大爷气得眼泪直流，话都说不清了。

这时，小区物业的负责人来了，他思忖了一会儿后说：“小孩子掉进河里，多亏了你儿子英勇仗义，虽然他离开了我们，但他会永远活在我们心中。”

“对，大家都会记得他。”

“他是我们心中永远的英雄。”大家纷纷发言。

张大爷终于哭出声来，含糊哽咽地说：“我儿子还这么年轻，我……我真是不敢相信啊。从早上开始，我的右眼就跳个不停，没想到居然是这么大的祸事。”

听了负责人的话，张大爷虽然还是非常难过，但他还是理智地接受了儿子已经去世的事实。

老人痛失爱子，悲切难当，王树张嘴就说张大爷儿子已经死了，老人当时最不想听到死字，被刺激后，情绪更不稳定。小区物业负责人的一席话却不同，他肯定了老人儿子的价值，他的死是有意义的、是仗义的。如此，老人虽然难过，但也知道这是没办法的事，只能接受。

文中的两个人表达的是同一个意思，但方式不同，产生的效果也有很大差异。

没人喜欢听不合时宜的话，尤其是批评，说得不好肯定会得罪人，哪怕你出发点是好的。生活中我们经常说“他是刀子嘴豆腐心”，了解你的人，也许会看到你的内心，但外人却不知道。如果不懂说话技巧，不能深入人心地表达，你的“刀子嘴”会伤人无数。

说话要照顾别人的感受，要尽量用委婉的方式诉说，把话缓缓说到对方心坎上才能达到想要的效果。

心理学家说过，“并不是所有的人都能听进逆耳的忠言”，明明是好话，但表达方式不对，对方就不领情。其实，我们完全可以将忠言说得顺耳一些。

说话讲究表达方式，能让人感觉温暖；如果不注重说话艺术，则会伤害人。前后一对比，我们可以明显看出说话讲究表达方式的重要性。

一个意识不到说话方式重要性的人，很难在交际道路上走远。我们在交际中，一定要认真思索，避免一时冲动说出伤人的话。难听的话，比利剑还要伤人。

不会说话，不仅仅是容易得罪人这么简单。凡是在交际中顺风顺水的人，都是擅长说话的高手，不论说什么，别人都爱听。好口才帮助他们打开他人的心门，拉近彼此的距离，更容易达到社交的目的。

说话体现了一个人的整体水平，所以，在任何场合我们都要重视表达，成为能用话语深得人心、温暖他人的交际高手。

在生活中与他人交流时，一不注意就会说错话，让他人生气，每当此时我们都会很郁闷。明明不是如此想的，说出来的话却让人误会了。这是因为我们的说话技巧还有待提高，所以，平时要多学习表达技巧。

首先，在跟人说话时要控制自己的情绪，不要因为自己心情不好，就冲着他人发泄。听你说话的人，会觉得你莫名其妙。所以，当你在气头上时，最好的方式是暂时保持沉默，等情绪平复了再用温和的态度跟别人交流。好的态度，也是一种良好的表达方式。

其次，还要明白说话是种沟通方式，不是攻击别人的手段。有些人开口就是“你不要怎样”“你是不对的”，对方一听肯定会不高兴。说话时少用否定词，多用肯定语气。带着攻击性说话是最差劲的语言沟通方式。让他人感受到你的心意就可以了，没必要再说伤人的话。

再次，在说话时要利用好幽默的表达方式。在跟人说话时，会有很多不确定性，如果遇到不好说的话题，怕得罪人，完全可以利用幽默来表达自己的意思。

有些话，如果我们说得很严肃，别人心里难免会不悦，会感觉到无形的压力。在交际过程中，幽默可以缓和气氛，减少对方的对立情绪，你的话会更深入人心。

有一个小故事：

有个人去小酒馆喝酒，喝了一口就吐了出来，酒太酸了，他一拍桌子就开始大骂："这是什么酒啊？酸死了，你们这里简直就是黑店。"

老板也不是省油的灯，哪里受得了这份气，立刻找来伙计，把客人打了一顿。客人躺在地上哇哇乱叫。

这时，又来了一位年轻小伙子，他说："这是怎么回事，在表演格斗啊？"

老板一听，怒气消了一些。

小伙子知道因由之后，自己也品尝了一口酒，他皱着眉说："哎呀，你把我也打一顿吧。"

老板愣了一下，继而明白了小伙子的意思，大家都笑了起来。老板立刻让人换了新酒。

两个客人，都在说酒难喝，一个因为不会说话挨了打，另一个则幽默地说服了老板。由此可见，幽默的话语永远是打动别人、进行温和交谈的法宝。

最后，在说话时不要做"冒失鬼"，要懂得三思而后行。有些人说话不经过大脑，这样的人在交际中很容易触碰别人的"雷区"，引起他人的反感。每个人都有忌讳，我们在说话时要尽量避免。如果非要表达，则要含蓄一点，或通过暗示性的话来表达。

"祸从口出"，通常说的就是这种冒失、口无遮拦的人。我们要学会谨言慎行，把话说对、说好。

说话的方式有很多种，面对不同的人、不同的场合，我们要灵活运用，不要不合时宜。说话要讲究方法，只有做到这些，才能和谐地处理好彼此之间的关系，才能把话说出好效果。

口才好，也不必用在与人争辩上

如果你想和别人有一个良好的关系，就要时刻注意自己说话的语气；如果你想和对方交朋友，就不要总是和对方在一些小事上争论不休。其实，每个人都有自己的观点，不可能让每个人都和我们想的一样，因此应该时刻抱着宽大的心，让自己可以接受更多的不同意见。

每个人的生活背景不同，生活经历不同，因此每个人的思想也不一样。当我们想和别人交朋友时，就要先意识到这一点，知道每个人的想法必然有不同，这样就不会为彼此想法不同而懊恼了。有些人比较低调，他们不喜欢与人争执，即便大家的思想不一样，他们也可以各过各的，互不影响；有些人却爱认死理儿，而且行事高调，总想和对方争个高下，而事实上这种争执对他们来说并没有任何意义。

如果你和朋友为一个并不涉及原则性的问题争一个高下，那么自己最终能得到的是什么？不过是朋友之间伤了和气罢了。也许是为了逞一时之快，但即便你在争辩上赢了，在人际关系上却输了，聪明的人从来不会为这些小事或是为了显示自己懂得更多而和朋友争辩。你要问问自己，是逞口舌之快重要呢，还是拥有一个朋友重要？如果为了争辩而失去了朋友，那绝对是不划算的。

在这里给大家讲一个我朋友和我说过的故事。

王平在学校的时候成绩就一直名列前茅，而且不只成绩优秀，他还是班里和学生会的干部。平时，很多事情都是由他来拿主意，因此，他一直觉得自己很优秀。但自从出了校门，这种状况就改变了。他现今只是一个公司的普通员工，原来在学校里的那些光环不见了，但他依然心高气傲，不管做什么都不服管，总觉得自己有一番道理。作为一个职场新人，王平吃了不少苦头。

一次，他和办公室里的一位前辈因为一个程序处理问题吵了起来。他觉得自己编写的程序是对的，而那位前辈认为他写的程序稍微烦琐了些，其实有更简易的写法，因为程序写得越烦琐，以后出故障的可能性就越大。王平却觉得那位前辈是在故意刁难他，因为他的程序本来没有错，就算是写得复杂了点，同样可以达到效果，干吗非要拿这件事让他当众出丑呢？于是，王平自以为是地据理力争，不管怎么说，他就想让自己的成果得以应用，可事实上，他和那位前辈争吵之后，由总经理出面，他的程序还是要改，因为这关系的不是他个人的利益，而是整个公司的利益。其实，王平心里也明白，程序修改一下会更好，但他为了自己的面子就不管不顾了。自此以后，总经理对他有了偏见，办公室里其他人和他也都疏远了。他不仅没有争辩过那位前辈，还塑造了自己技术不过硬的坏形象，这就叫“一步走错，满盘皆输”。

王平开始反思自己：尽管自己在学校的时候是个风云人物，但那只是在学校而已，与现实的社会相比，那就像一个过家家的游戏。他开始明白，在职场中，想要获得好人缘，就要时刻保持谦虚谨慎的态度，与人交往的时候不要老想着一争高下，适当的时候多恭维一下别人也是必要的，毕竟自己还是新人。他想到这里，就知道自己应该怎么做了，于是他开始尽力改变自己的这种境况。在一次午休的时候，他当着大家的面给那位前辈道歉，并希望大家都能接受他这个刚入社会不久的新人的歉意，之后邀请大家一起去吃自助餐，算是为那天的事赔罪。

在王平的邀请下，大家都欣然地接受了他的好意，后来他在办公室里和大家的关系也渐渐好了起来。

从王平的故事里可以看出，一个人如果喜欢与人争执，可能会被认为是一个不易相处的人。那么，当你想要再与别人建立联系时，就比较困难了。

大家要记住，遇到什么事情都不要急着与人争辩，先考虑一下是否是自己的原因。如果真是自己错了，就应该听取别人的建议。如果这个时候还要和别人争辩，那就是无理取闹了。事实上，如果与他人争辩，即便真理掌握在你的手上，你也该语气平和、娓娓道来，而趾高气扬地和人争辩，就算你说服了别人，别人在面子上也过不去，之后对你也将心存芥蒂。当然，如果在迫不得已的情况下，你也要选择合适的时机，采取合适的方式，来向对方解释和阐述自己的理由。

总之，争辩不会为你带来朋友，相反，你可能会因此而失去更多的朋友。

说话留有后路，别在失意人面前显摆你的得意

人生不会永远一帆风顺，谁都有时运不济的时候，不论何时都要给自己留一条后路，凡事不能做绝。得意时，不要把别人逼进死角，要给对方台阶下。这不仅是给对方机会，也是为自己留了扇窗户。

“三十年河东，三十年河西”，如果当初给他人留了后路，落魄时对方也会向你伸出援手。如果之前太过盛气凌人，别人只会给你一脚，落井下石。

前几年，我的妹妹刘静大学毕业，毕业后，刘静和她的一个同学王艳进了同一家服装公司。因为是好友，所以，两人相处得都和和睦睦。但后来，我妹妹刘静就开始和我发牢骚，而牢骚的主要原因是两个人开始暗地里较劲，都想早日被评为优秀员工，好升职加薪。

有一次，刘静整理的数据出了问题，领导在办公室里狠狠批评了她：“你来公司这么久了，怎么都不长心啊？这么简单的事你也出错，真是让我

太失望了。”

这时候，王艳正好也来交东西，看到这一幕不但不给刘静台阶下，还趁机添油加醋地讽刺：“我们是同一天来公司的，算算日子也不短了。”王艳的讽刺之意非常明显，刘静心里很生气。

领导又批评了刘静几句才让她出去重做。

“你刚才在办公室为什么添油加醋地给我告状？再怎么说我们也是校友啊。”刘静拦住王艳质问她。

“我哪有啊？”王艳还不承认。

“你还不承认！以后你别有事求到我！”刘静一时生气，开始发火。

“求你？哼，我才不会出错，咱们今天就一刀两断，以后走着瞧。”王艳把事做绝了，没有考虑这样做的后果。

三个月之后，刘静被评为优秀员工，提了组长，成为王艳的上级。当时，我告诉刘静，虽然成了组长，也不要对王艳有什么报复，毕竟两人是同学，也曾是好友，千万别因为工作上的事失去了一个朋友。刘静也听进了我的话，没有对王艳有什么刁难。但她后来告诉我，她和王艳再见面时，双方还是会尴尬，王艳最后没办法，还是辞职，重新找工作了。

俗话说：“饭可以多吃，话不可以多说，事不可以做绝。”这是为人处世的重要原则，也是中庸之道的重要体现。不给别人带来压力，同时给自己留一条后路，何乐而不为呢？王艳最后只能辞职走人，就是因为当初事情做得太过，不懂得适可而止，丝毫不给自己和别人留余地，最后只能自食苦果了。

每个人的生活都会有起伏，甚至会是一种轮回，一时得意，也总会有失意来临；一时猖狂，也会有落魄来品尝。如果不懂得给别人留余地，不懂得适可而止，甚至借机落井下石，之后必然会受到打击。说话做事适可而止、留有余地，才是保护自己的最好方法。

我们周围总有这样的人，年轻气盛，做事冲动，凭借一时之气，总喜欢把话说绝，把事做绝，最终把自己逼入窘境。把事做得太绝，就好比杯子里装满了水，继续加水之后只会溢出。

说话做事是需要智慧和胸怀的，有些事你再有把握，也不能万分肯定，更不能把话说绝，丝毫不给人留质疑的余地，否则不但会引起他人的反感，还可能给自己带来后患。

懂得适可而止，懂得给自己留条后路，你的世界将变得更平稳、更宽广。这就好比是在打仗的时候，给自己选择了有利的地理位置，可退可守，把自己放在了最安全的位置上，这样我们就将永远立于不败之地。

相反，不懂适可而止就等于把自己逼进死角，没有危险还好，一旦发生意外，必然会退无可退，只能受伤。所以，聪明的人不管在什么时候，都会给自己、给别人留余地，既给了别人面子，又给自己留了后路，何乐而不为呢？

生活中说大话的人很常见，做事很绝的人也很多，这些人通常都不受人喜欢。如果你仔细观察，就会发现那些聪明人常常会为自己留余地。

要想给自己留后路，就必须从各方面严格要求自己。首先，要学会说话，话不说绝、适可而止。不论因为什么，都不要把对方逼入死角。

没能力做好的事，不要随口应承；有把握做好的，也要含蓄地说，留下空间。如果别人遭遇尴尬，或一时非常失意，我们不要嘲笑，拿出自己的宽容大度，为他人开一扇门，对方必将无比感激。

我有一个朋友叫王琳，大学毕业后，找了份很不错的工作，待遇丰厚，活儿也不累，还有大把的休息时间。

王琳有些小虚荣，特别喜欢在别人面前显摆自己，炫耀自己有钱，彰显自己有追求、有品位。

每次见到朋友，她都会说："我的梦想就是环游世界，见识形形色色的人和事，那时，我就再也不是平庸的井底之蛙了。"

起初，大家都以为她说的是真的，都称赞她是浪漫主义者。

但是很久之后，她还是逢人就说自己要环游世界的梦想。渐渐地，大家都开始反感。

我们有一次聚会，一个朋友忍不住嘲讽她："你不是说一定要去环游世界吗？那你去过多少国内的旅游景点呢？"

王琳尴尬地说："几乎没去过。"大家忍不住嘲笑她。

我当时赶紧出来打圆场说："没事，没事，计划往往赶不上变化，王琳的计划肯定会慢慢实现的。"

我的及时救场让王琳感激不已，从那之后，王琳时不时就送些礼物给我，在我需要帮助的时候，王琳总是伸出援手。

每个人都有陷入尴尬、遇到困难，需要及时救场的时候，这时如果我们能为他人铺就一条出路，就等于给自己留个后路，以后也好办事。

在跟他人交往时，要懂得为别人考虑，得饶人处且饶人，不要把对方逼迫到无路可走。对他人仁慈一些，就是给自己留个机会。

还有，我们要端正自己的态度，不要拜高踩低，不要戴着有色眼镜看人。有些人比较势利，看着他人落魄就冷眼相待，甚至认为对落难者的投资是无用的，因此，面对请求能躲就躲，不愿意伸出援手。这么做是不对的，在关键时刻要帮助他人，谁都有机遇不好的时候，现在落魄不等于永远不济，之后说不定还大有作为。

再者，我们还要有多在冷庙烧香的见识。平时有意识地多帮助时运不济的人，等他们有朝一日飞黄腾达之后，通常都会涌泉相报，这么做，也等于为自己留了后路。

做事留有余地是一种豁达睿智，是宰相肚里能撑船的表现，可以感动人心，得到别人的支持。要想在交际道路上走得更远，给自己留条后路是最好的方式，一旦发生不利的事，还会有回旋的余地，不致孤立无援。

控制你的语言，倾听比能说更重要

人有一张嘴和两只耳朵，意思就是多听少说。生活中，善于倾听的人才算是有魅力的人。尊重别人和赞美的方式之一就包括倾听。大家都知道，在人际交往中，那些能说会道的人不是最善于与人沟通的高手，真正的高手是那些懂得倾听、善于倾听的人。也许你会认为，在人际交往中我们都没和对方说几句话，何谈给对方留下深刻的印象呢，可是大家忽略了一点，正是因为倾听让我们给对方留下了良好的感觉。

乔·吉拉德花了近一小时，好不容易让他的顾客下定决心买车，接下来的步骤很简单：仅仅是把顾客带到他的办公室，签好合约。

就在他们走向乔·吉拉德办公室的时候，那位顾客突然说起了关于他儿子的事情。

顾客十分自豪地说："乔，想必你一定知道普林斯顿大学吧？我的儿子被那所大学录取了，他将来就要涉足医学这个行业了。"

乔·吉拉德回答："真是太了不起了。"

当两个人继续向前走的时候，乔·吉拉德并没有看向自己的那位顾客，而是四顾看其他的顾客。

"乔，我儿子很聪明吧？当他还是婴儿的时候，我就发现他非常聪明了。"

"哦，那还真是有才华啊。成绩相当不错吧！"乔·吉拉德嘴里应付着，眼睛却像雷达一样在四处看。

"当然了，没错！他是班里最棒的一个。"

"这么厉害！想必一定有一个很不错的专业吧？他将来要做什么呢？"乔·吉拉德心不在焉。

"乔，我刚才已经说过了，我认为你并没有认真听我说，我儿子考上了普林斯顿大学，以后要当医生。"

"哦，那太好了。"乔·吉拉德说。

那位顾客觉得乔·吉拉德不是很尊重自己，于是，打了一声招呼便走出了车行。乔·吉拉德木讷地站在原地，因为他还没有意识到自己究竟哪里做错了。

次日上午，乔·吉拉德一上班就给昨天那位顾客打电话，诚恳地致歉道：“我是乔·吉拉德，昨天是我照顾不周到，希望您能原谅，现在我们这里有一款新车，您能来一趟车行吗？”

电话那端，顾客不耐烦地说道：“哦，原来是这个星球上最伟大的推销员先生啊，抱歉地说一句，我已经买到新车了，是一辆很棒的车子。”

“是吗？”

“没错！我是从一个懂得倾听的推销员那里买到的。乔，要知道，当我对他提到我儿子让我多么骄傲的时候，他是多么认真地听，而不是东张西望。”顾客接着说道，“你知道吗？乔，倾听对一个人来说就是尊重，我儿子当不当医生对你来说并不重要。对你来说，谁签不签合同才最重要！顾客的喜恶你完全不在意，也不懂得如何去认真聆听，真是个笨蛋！”

在那一瞬间，乔·吉拉德才恍然大悟：原来自己犯了个如此巨大的错误——没有人会喜欢不听自己话的人。

我们在日常交流中，要多听听他人的诉说，满足他人倾诉的愿望。人都是这样，只有感到别人认真听自己的倾诉后，才会有一种被尊重感，继而有了更深入的谈话。年轻人只有认识到这点，为人处世才会变得顺利，且离成功也就不远了。

美国著名谈话节目主持人奥普拉是鲁豫的偶像。鲁豫和奥普拉的相似之处是都以亲切知性的邻家女孩形象出现在电视荧幕上，很多人是被她们那种轻松随意的谈话方式征服，尤其是那种“倾听式”的主持风格让人印象深刻。

在《疯狂教授易中天》一期节目里，鲁豫的主持风格一如既往，使节目收到了良好的效果。例如，鲁豫想了解学校授课以及电视讲座之间的区别时，就向易中天提了一个问题：“您有这么多年的讲课经验，积累了这么多年，所以在《百家讲坛》讲课也并非一件太难的事吧？”

这个问题刚好问到了易中天作为一个教授对授课方式的理解，因此必然能激发他的诉说欲望，而且提问方式并不直白，从而灵巧高明地激发了易中天的“诉苦”欲。于是，易中天在接下来用一句“难啊”作为开头，开始用大段的陈述来讲明自己对两种讲课方式的体验，从“以前有很多学者在《百家讲坛》失败的经历”说到“电视观众和学生的不同反映情况”，从“电视剧与话剧的区别”说到“电视讲座所要借鉴的戏剧要素”，像打开的水龙头一样。

在易中天讲述的过程中，除了一处必要提问外，鲁豫和其他观众一样都是在扮演着倾听者的角色。正是这种倾听的氛围反而使易中天情不自禁地展开了更宽广的话题，也使观众们更深入地了解了易中天，当时节目现场也是掌声不断。

倾听就是对别人的尊重，有时候对别人最好的尊敬就是倾听。专心地听别人讲话，胜过你给别人很多的赞美。不管说话者是什么人，倾听能达到的功效都是一样的。人们的共性就是把关注度放在自己的兴趣和喜好上，同样，当你在谈论自己的时候，对方在全神贯注地听你讲，你心中自然而然会产生一种被重视的感觉。

Part 10 婚姻懂得自控，家就会成为欢乐的海洋

对对方的欲望越小，婚姻的幸福度越高

每个人在结婚之前都会对婚后生活有一定的期望，无论是男人还是女人。婚前的期望值一旦在婚后没达到，很多人就有了离婚的念头。所谓期望越高，失望就越大。当你的欲望在平凡的生活中日益膨胀，现实的生活越来越不能满足你时，你就会不停地埋怨你现在的生活，埋怨你的另一半，埋怨自己命运不好。如果你想要幸福，就要学会调节婚后的期望值，让你的期望与现实在生活中找到一个平衡点。

虽然家里极力反对她与他的结合，然而她最终决定和他远走高飞。他带着她远离了熟悉的城市和亲人，漂流异乡。他知道她为自己牺牲了很多，所以他对她百般呵护，就怕她会产生不幸福的感觉。他对她无微不至的爱，让她忘记了远离父母的伤心，在他身边，她感觉到温暖，她觉得自己是个幸福

的人。

不过，随着时间的飞逝，她的幸福感慢慢变淡，工作上的不如意，生活上的不顺心，使得她的抱怨重重。她抱怨收入微薄，抱怨他在自己面前的卑微，抱怨他们不足50平方米的住所……

有一次，她终于爆发了。“我为你抛弃了一切，你拿什么来报答我的爱？”她生气地问道。他回答：“凭爱。我对你的爱这些年来没有丝毫的破损，完好如初。”“你的爱就是让我们住租来的破房子？让我们要整天为生计而奔波？你拿什么来爱我？”他无语，心中止不住地失望。

知足才能让人快乐。当你把心态调整到最佳位置时，既不为别人比自己多而愁苦，也不为别人比自己少而自满，你就到了真正洒脱的境界。老子说过：“祸莫大于不知足，咎莫大于欲得。”每个人都应该保持一份切合实际的愿望。

人一定要学会知足，尤其在追求物质享受、财富利益、荣誉功利等方面，如果过于贪婪，只会让自己和幸福终生无缘。

托尔斯泰说过：“欲望越小，人生就越幸福。”换言之，欲望越多，幸福就越少。减少你的欲望，才能得到更多的满足和快乐。男士们请抛弃逞能、吹牛、换高级轿车的念头，女士们请抛弃把普通背包换成爱马仕的念头。一个感受不到幸福的家庭不可能是一个好家庭，当你的目光总在高处时，你永远不能品尝到身边幸福的味道。

我的同学王娟是个漂亮的姑娘，大学毕业后嫁给了刘云。刘云警校毕业后分在了公安局做内勤，工作是自己的专业，自己也很喜欢，而且是国家公务员，人人羡慕。结了婚之后，两个人生活得也算滋润。王娟在一家外企做秘书，工作环境轻松舒适。

可是就在两个人结婚的第二年，王娟大学时的一个同学的老公辞去了公务员的工作，下海经商，而且挣了不少钱，拥有了一家自己的公司，又是别墅又是车的，出手很是阔绰。王娟很是羡慕，开始鼓动刘云也去学着做生意。后来他们还为了这事吵过几次架，不过最后还是刘云妥协了。

公务员是不能有第二职业的，刘云又不愿意放弃自己喜爱的工作，于是刘云和一个朋友合伙开了一家歌厅，刘云出钱，那个朋友负责管理。仗着地理位置好，朋友又善于管理，一年的时间，刘云就还上了最初从亲朋好友那里借来的本钱，而且还赚了不少，刘云感到很高兴，觉得自己终于可以在朋友面前扬眉吐气了。可是，随着歌厅的生意越来越好，刘云不得不在下了班以后直接到歌厅去帮忙。渐渐地，夫妻两个人见面的机会越来越少，到最后，刘云除了偶尔回来拿几件衣服，根本就不回家了。

一次，王娟实在忍不住给刘云打了电话。她埋怨丈夫总是不回家，两个人从前的甜蜜时光都不见了。刘云有些不耐烦地说："我们本来过得很幸福，是你总觉得不满足，又想要洋房，又想要汽车，嫌我没本事给你，现在你又想要从前在一起的甜蜜时光，你到底还想要什么？我不是魔术师，你想要什么我就能给你什么，就算我是，我也满足不了你层出不穷的想法，我们最好都冷静一下吧。"

幸福的人觉得最重要的事情，往往不是期望模糊的未来，也不是去观察身边谁比自己过得更好，而是重视享受现在。每个今天都是一个与众不同的特殊的日子。珍惜现在的每一天，你就可以收获一生的快乐。

所有的幸福和不幸福，都源于自己的内心，你的感知左右着你的幸福。

激荡狂欢是一种幸福，远离喧嚣、感受宁静也是一种幸福；有另一半的相伴是一种幸福，在父母身边膝下承欢也是一种幸福。其实幸福一直都在你心中，只是它无法开口说话，只要你懂得知足常乐，那么幸福也就可以常伴你的左右了。

所以，想要在婚姻中获得长久的幸福，一定要将那些欲望尘封起来，不要去期望你所没有的，好好珍惜你现在的生活，就是最大的幸福。

婚姻经不起比较，日子是过给自己的

在我们的家庭生活中，夫妻之间常常会听到类似的声音：

“你看看人家，都做着一样的工作，人家已经两次升职，你一次都没有！”

“我哥哥买得起毛皮大衣给嫂子，他有本事赚钱，可你呢？”

“如果我不嫁给你而嫁给他，我的生活就没有这么累。”

“你看那谁家的老婆，又贤惠又温柔。”

……

这些话语听起来多么伤人啊，听到这些话，爱人肯定会感到心酸，家里难免会遭遇一场暴风雨。

人类喜欢比较，这是随着社会发展不可避免的结果。但是否家庭也需要比较呢？我个人认为，如果夫妻总是和别的家庭比较幸福度，那这个家庭将永远不会有幸福可言。我们经常看到，总有人爱时不时地拿自己的老公或老婆和别人家的进行比较，这些人天生就有攀比心理，但有的人不会表露出心迹，有的人却整天把别人的好挂在嘴边，在老公或老婆面前不停地说三道四。婚姻对于两个人来说，重要的不是比较，而是享受，重要的不是看到别人拥有的，而是看到自己拥有的。不要拿别人的成功同自己的爱人比较，用欣赏的眼光去看待这个朝夕相处的爱人，你的命运才会变得更好。

云鹏和雪琴的结婚纪念日到了。在下班回家的路上，云鹏专程买了一盒巧克力作为结婚纪念日的礼物送给雪琴。而雪琴在收到礼物的时候，并没有感到高兴，反而有点伤心，这好似一盆凉水泼在了云鹏的头上。雪琴说：“那大邻家的大姐在结婚纪念日的时候，老公送给她一枚白金戒指，而且还有蛋糕和甜蜜的烛光晚餐，而你竟然送我一盒不是名牌的廉价巧克力。”云鹏听后感到很痛苦，很不是滋味，觉得雪琴给他的压力实在是太大了。她不能理解他、支持他，反而很苛刻地要求他，这让云鹏伤透了心。

无论女人还是男人，好像永远都会觉得自己的另一半不如别人的好，好像全天下的就属自己获得的最差劲。但请记住，在家庭里不要在对方的面前讨论别人的成功，不要总说别人的另一半好，数落自己的爱人没出息。你越是这样，对方便会毫无自信可言，别说进步了，只能是原地踏步，甚至是退步。对大多数人来说，让自己拥有奋斗的力量莫过于另一半的鼓励。

老天是公平的，也许你觉得别人的爱人的优点是你的爱人所没有的，但是如果你一直抱怨自己的爱人不如别人，你可能会失去更多。人要学会知足，不要总是盯着别人所有的，而忽视自己拥有的美好。

女人不要说谁的钱财比老公多，不要说谁的地位比老公高，不要说别人老公的职业比老公好，不要说别人老公的事业比老公做得大。要知道，成功需要一个积累的过程，丈夫只是还停留在积累阶段，一旦到了时间，成功自然是水到渠成之事。不论自己的丈夫有多少缺点，不论丈夫的地位如何，你都不可以用贬低的方式来刺激他，这样只会让他失掉信心，止步不前，但你若说出一些鼓励的话语，会起到相当大的正面作用。

男人同样也不要说谁的老婆更贤惠，谁的老婆更勤快，谁的老婆做饭更好吃，谁的老婆更漂亮。要知道，每一个女人在嫁给你之前，也都是家里的掌上明珠，当和你组成一个家庭后，所以的一切都是处在一个学习的阶段。如何能让家庭更好，不是谁单方面的付出，而是两个人不断地磨合、不断地谦让、不断地共同进步。一个男人，如果想着家里都是女人干的活儿，那没有哪个女人会毫无怨言、任劳任怨。

无论男人还是女人，最讨厌自己的爱人拿自己和别人比较。想一想，你在爱人面前谈论别人另一半的成功，对方心里会好受吗？也许你只是为了找一个茶余饭后的谈资，但无意中伤害了对方的自尊心：你说这话是什么意思啊？看不起我？我没别人好？对方会越想越生气，很有可能你的婚姻就会因此亮起红灯。

既然谈论别人的成功只会让另一半觉得自己不如人，脸上挂不住，还备受打击，那你又何必要开这个口呢？

爱的前提是尊重，不要埋怨你的另一半没有给你太多温暖，你自己也想想，对方从你这里得到了多少温柔；不要总是怪怨你的另一半不是天上的星星，不能让你为之骄傲，你也要想想你是不是地上的露珠，对方的心灵有没有得到你的滋润；也不要怪怨你的另一半不是雨过天晴后的彩虹，没有为你撑开理想的雨伞，和对方一起风雨同舟，不是更加温馨甜蜜吗？最愚蠢的行为莫过于拿自己的另一半和别人做比较。如果不想让婚姻亮起红灯，请好好善待你的爱人吧。肉体上的伤可以治愈，精神上的创伤是很难愈合的。

懂得满足的人才能最大限度地拥有幸福。聪明的人绝对不会干出拿自己的另一半和别人比较的傻事，即便是无意中谈到了别人的另一半，也会及时补充说："他们是能干，却没有你这么体贴，你在我眼里最好，亲爱的！"这么一说，对方自然开心。

爱人当然是用来爱的，不是用来比较的。不要总说别人的另一半如何、怎样怎样等。你是和自己的另一半过日子，而且还要一起厮守终身，比较的结果，只会深深伤害对方的自尊心。你这样做的同时，也贬低了自己。对大多数人来说，辱骂没有赞赏和鼓励更能让他们有奋进的力量。

婚姻的真谛在于平淡，而非激情

我们可以把婚姻生活比喻成浩瀚辽阔的大海，而最珍贵的东西也往往藏在大海的最深处……

婚姻需要激情，也需要平淡。因为激情，俩人气场光芒万丈、相互吸引，这样，才使得茫茫人海中两个原本陌生的人相爱了，然后结婚生子。婚姻生活开始了，要想把婚姻生活维系得长久，绝对不是一件简单的事情。

婚姻的真谛就是平淡，让双方那种耀眼的气场慢慢减少锐气、慢慢接近、慢慢融合，最后，使得两个人的感觉合二为一，成为一个真正的家。在这份平淡中，我们可以看到最初的激情、浓浓的爱意，还有相依相偎的款款深情。这份平淡不是淡漠，而是一种爱情的升华。

有个浪漫的女人喜欢上了一个理科男，因为这个男生的稳重，每当她依靠在他肩头时，心中总会涌动着一种可靠的感觉。恋爱3年后，他们开始了婚姻生活，日子也就平淡地过着。

渐渐地，女人对这样的生活产生了厌倦的心理，她感性，天生喜欢浪漫，而丈夫偏偏不善制造浪漫，让女人感受不到一丝爱的气息。

某天，女人鼓起勇气提出离婚。男人默默地抽着烟，一句话也没有说。女人感到心里凉凉的，她想：这个男人连婚姻都不敢挽救，我还有什么值得留恋的。

过了很长时间，丈夫问："那我要怎么做，才能让你改变主意？"

看着丈夫的眼睛，女人慢慢地说：“你回答我一个问题，如果答案能让我满意，我就会改变我的想法。比如，我喜欢天上的星星，你会摘给我吗？”

男人沉默片刻后，说：“我可以明早再给你答复吗？”女人的心彻底凉了。

第二天早晨，女人只看见了一张纸条，她想：这应该是丈夫的留言吧。

“亲爱的，我不会为你去摘天上的星星。我有我的理由：因为天上的星星根本不可能摘下来，如果我答应你的话，就是在骗你。我不想骗你，但我很爱你，我又不知该如何去做，我只能说，我要好好活着，等你老了，照顾你一辈子，为你画眉，为你做饭，让我和你一起慢慢变老……所以，为了表达我对你的真心，我不能答应那个不切实际的愿望，如果我答应你了，那就代表我以前对你都不是真心的……”

看完后，女人流泪了。“亲爱的，当你读完了这封信，对这个答复要是满意的话，请打开门，欢迎你的爱人回来，因为，我现在在门外拿着你最爱吃的早餐等着你。”

打开门，丈夫略显羞涩地站在门外，笑容很灿烂。

此刻，女人觉得自己是这个世界上最幸福的女人。

是的，在平淡的婚姻生活中，我们往往因渴望激情浪漫的心灵而忽略了平凡的爱意。爱不是一种固定的模式，表面的浮华只是生活中的一点点缀而已，隐藏在它们下面的平淡，才是一种最真实的状态，才是女人要的幸福生活。

女人感性、追求浪漫本不为过，但是一味地追求浪漫，甚至不珍惜眼前的幸福，那么，她的结局就可能是悲剧。

有个很受男人欢迎的女人，她长得很漂亮，而漂亮的她最后却选择了平凡的教师。狂热的恋爱，终于带着他们走过了红地毯。丈夫对她甚是宠爱，所有家务都大包大揽。她的任性和坏脾气也得到了丈夫的包容。

日子很平常地过着，有了孩子后，家庭经济条件明显下降，他们的工资除了养孩子、交房子贷款，仅够维持正常的生活。女人再也没有经济能力给自己买一些化妆品或是维护婚前的浪漫。

她的心里渐渐滋生了不满，牢骚也多了起来，丈夫从不多说什么，只是尽己所能，承担着生活的压力，并在业余时间写稿子补贴家用。但这些妻子并没有感觉到，她开始怀念那些花前月下的日子，那热烈的爱情才是她最终的追求。

慢慢地，妻子变了，回家少了，穿着也时髦起来了。丈夫不知道从哪里听说，妻子被一个有钱人包养了。但他没有选择争吵或是打闹的方式去提醒妻子，他只是暗示妻子，这种平淡的生活才是最真实的。

然而妻子此时已经对物质生活有了无法满足的欲望，尽管丈夫很好，但她的欲望让她在金钱中迷失了自己，她认为这样才是人过的日子。

她终于提出了离婚，丈夫平静地签了字，他说：保重。

两年后，有钱人找了个更漂亮的女人。遭到冷落的她想起了过去平静真实的生活，产生了复婚的念头。她找了他的好朋友去说情，但她没有等来他，等来的却是一张纸条。

男人写道：“爱情的伤痕是永远不会擦掉的，因为它在心里烙上了深深的烙印。爱就像镜子，破镜难以重圆。”看到这里，女人不禁潸然泪下，她知道她永远失去他了。

人都不会完美，婚后的日子要靠我们去用心经营，所谓细水长流，正是这个道理。总有一天，我们会觉得婚姻生活已经趋于平淡，身边的人已经不复当初的那种激情，此时，我们心中会有一种失落感升腾，我们单纯的爱情已经在柴米油盐中化成了简单的句子，甚至是一个眼神、一个动作。我们没有发现爱情的变化，还以为自己或对方失去了年轻的资本，以为爱情被琐碎的生活冲得无影无踪了。

其实爱情和激情都在，因为爱情在婚姻中已经升华。而我们也已长大，变得更加成熟。

在你心里，谁是你最牵挂的人？肯定是你的爱人吧？当你遭遇不顺的时候，你最想得到谁的关心？当你收获成功的时候，难道不想和你的爱人分享你的喜悦吗？

生活赐给我们丰富的经历，夫妻就好像是共患难的战友，在重重困难面前携手同行，在成功面前一起享受快乐，在每一个考验命运的时刻都应该是心心相印的。夫妻最好的学校就是婚姻生活，婚姻美满，才能培养出幸福的夫妻！

对生活，我们不可能时时刻刻充满热情，我们也需要休息，因为我们也有疲惫的时候。对待我们的挚爱，我们也会出现这样的情况。但这并不意味我们是在逃避对方，因为我们的心早已和那个挚爱的人紧紧地拴在了一起。我们需要安全感，我们需要责任心，婚姻生活给我们的就是这份安全感和责任心。我们渴望爱，婚姻中的爱情就是这样，平淡却真实，有着一份难以割舍的深情。

婚姻是双方的，需要两个人一起创造

尽管婚姻中的问题不断，尽管你们中间存在着一些分歧，但这并不能代表你们的生活是不和谐的。不管怎样，老公永远是你最忠诚的婚姻合伙人。要想让你们的感情更加亲密，要想让你们共同的理想成为现实，你们必须彼此团结，共同规划，形成统一战线。这时候的你已经不是仅仅代表着一个个体，而是代表着一个家庭、一个团体。要想让你们的感情得以延续，两个人就要共同来承担为未来而努力的义务。这不单单是拥有大房子和名牌轿车的梦想，还是两个人感情生活的一种维护，当心中的梦想一个一个成为现实，夫妻双方的感情也因此变得更加稳固，这时候才发现原来彼此都成长了，都更深爱对方了。

唯美和馨香的爱情之花，绽放在真实的生活里同样芬芳，并且令人陶醉，但是，要想花儿常开不败，就需要灿烂的阳光、充足的水分、丰裕的养料，而这些都是需要两人共同照顾和创造的。因此，除了情投意合之外，两人要拥有相同的气场、一样的理想，并且愿意为之努力，才能在这个美妙的花园中，收获属于自己的一片花海。

无论你在恋爱时受到他多少的“优待”，也一定要知道，你们不是王子和公主，除了缠绵的风花雪月，也要考虑过好你们的物质生活。但家庭里的经济来源不是单方面的付出，非要如此的话，被精心呵护的一方很可能变成对方的玩偶，等玩够了的时候，一句“你什么都没付出过，凭什么……”就堂堂正正地将你扫地出门。因此，如果夫妻想让彼此间的爱情根深蒂固，生活水平更上一层楼，就要全心全意为共同的爱情小城堡添砖加瓦。

在恋爱时，当男女彼此互表真情后，接下来做的就是共同奋斗。在各自的事业中，各有所成，相互搀扶和鼓励，这种模式是最值得众多夫妻效仿的。如在一对夫妻中，丈夫是一位杰出的工程师，妻子是一位具有商科背景的优秀企业管理者，各自在专业领域发展，相辅相成，日后两人事业有成，羽毛丰满时，携手共同创业，打造在经济上更优越的婚姻生活。许多夫妇从年轻时起就携手共创事业，编织美丽的梦想，全力以赴，终必卓然有成。

小小和方军在大学的时候就相识了，那时候两个人对未来就有着无限的畅想，方军经常对小小说："小小，咱们的感情是有未来的，将来咱们会有大房子，也会有自己的车，等咱们结婚以后，每年都可以到外面去旅行，去香港九龙购物，去法国看埃菲尔铁塔……"尽管小小觉得方军说的话有些不切实际，但还是很愿意听，每当方军说起他们的未来，总能给小小带来无尽的遐想。

大学的生活美好却又短暂，转眼毕业悄悄地临近了。方军和小小都找到了工作，两人决定一起在这个举目无亲的城市打拼，并办理了结婚手续，简简单单请几个朋友吃了顿饭，就算把婚事办了。尽管寒酸了些，但两个人还是很幸福。

很快方军得到了晋升的机会，小小的工作也有了起色。经过一年的努力和节俭，他们有了5万元的积蓄，这时候方军乐观地对小小说："小小，看到了吗？我们已经有了一间房子的钱了。"听着方军对未来美好的期许，小小眼中充满了幸福的泪水，并暗自下决心，也要为实现他们恋爱时的梦想贡献自己的力量。

就这样日复一日，方军总是带给小小无限的希望，从靠着工资吃饭到通过投资理财赚取额外收入，账户存款的数目也越来越大，经过一段时间的思考，两人协商，毅然辞掉了工作，开始下海经商，尽管也遇到不少风浪，但最终还是坚持了下来，公司的运行也日趋平稳。小小终于知道，原来方军的理想并不是虚无缥缈，大学时代的理想，就像预言一样一个又一个地实现了，这让她觉得无比幸福，生活充满了希望。

恋爱的时候，我们总是有着这样那样的遐想，但是，将这些理想一一完成绝对不是动动嘴皮子就能办到的事情。它需要两个人彼此的坚定，彼此的支持和努力。小小和方军就做到了这一点，他们没有把曾经的规划当成一纸空文，相反，他们把自己当初说过的话深深埋藏在了心里，并为此勤恳拼搏，几经风雨却百折不挠，最终将理想转化为现实。也许这就是爱情最真挚的表现，人们常说：“婚姻是需要经营的。”多少人认为幸福是自己人生的一种奢侈，却不知道，幸福就在他们身边，只不过他们在婚姻道路上丧失了对理想的忠诚和信心罢了。

常在一些情感杂文里看到这样一句话：“婚姻是爱情的坟墓。”其实不然，如果你懂得经营自己的感情，婚姻就会成为一个崭新的开始。婚姻同样也是让一对伴侣不断成长、不断成熟的过程。常言道：“患难之中见真情。”这句话放在婚姻生活上最为贴切。当两个人为了共同的心愿而甘心情愿挥洒他们的汗水和泪水时，他们一定会相依相偎，走得更加坚定。有位哲人说得好：“理想不等同于梦想，因为理想会指引人们付出行动去实现它，而梦想仅仅停留在一个梦的基础上而已。”两个人如果想让自己的未来燃起希望之火，首先就要将自己的战略伙伴关系建立起来，将彼此的理想集中在一条战线上，并源源不断地为自己的家庭创造更多的物质财富和精神财富。

人生有时就应该是这样，对爱情生活的共同规划时刻牢记，不但让彼此觉得对方是自己忠实可靠的伙伴，也能让两个人更加甜蜜融洽，又可以收获牢固的信任以及互相扶持的动力，互相爱慕，觉得对方是真正值得终身相托的人，将爱情正常地向婚姻方向发展。不要因为单纯享受激情而忘记生活的真谛，也不要一味任性失去了将爱情升华的实际和基础。

爱情路上难免会遇到一些坎坷。你们面前也会有许多难以越过的关卡，但是，别忘记在恋爱萌芽的时候，你们一起许下那么多美好的愿望。用耐心和时间化解那些不必要的矛盾，用些时间为理想去积极筹备。当然，努力不是无限期盲目地傻卖力气，明知方向不对还要一股脑儿去做，在需要办好的事情在后边加上个“最后解决时间”，要将爱情规划得完美，克服其中的困难，也需要夫妻共同的智慧和默契的配合。

婚姻拒绝“冷暴力”，让沟通化解一切恩怨

印度诗人泰戈尔在他那首著名的诗《世界上最遥远的距离》里，有这样

几行诗句："世界上最遥远的距离／不是生与死／而是我就站在你面前，你却不知道我爱你……世界上最遥远的距离／不是明明无法抵挡这股想念，却还得故意装作丝毫没有把你放在心里／而是用自己冷漠的心，对爱你的人，掘了一道无法跨越的沟渠……"

冷漠是一个黑色的、缺少生命力的词，它是婚姻中最具杀伤力的"武器"，它是对情感的蔑视，是对婚姻的一种否定。如今它已经成了家庭冷暴力的一个新概念。冷漠的出现，往往带来婚姻的不幸。

在现代家庭中，夫妻双方这样的冷淡关系已经成为一种常见的生活方式。这就是人们常说的"家庭冷暴力"。这种暴力让很多人都痛在心里……

一位正在遭受冷暴力伤害的女士这样说道："我们每天几乎都不说话，我有时想和他做一些沟通，他却一副冷冷的样子，我的话根本就说不出来。如果再这样下去，我的精神真的要崩溃了。"

曾对浙、湘、甘三省众多家庭做过调查的中国法学会发现，家庭中若有矛盾存在，"冷暴力"是这其中六成家庭的"常客"。还有一些专家甚至表示："实际上每个家庭都出现过不同程度的'冷暴力'。"

关于冷暴力，真的可以说是众说纷纭。那么冷暴力究竟是什么呢？是用言语组织的谩骂攻击，还是从精神方面对对方的漠视？我们用几组词"冷酷""暴戾""杀伤力"拆解了"冷暴力"的含义。

中国家庭为什么越来越多地陷入情感婚姻失守的境地？这惊人的数据背后究竟意味着什么？

小西出嫁的前一天，奶奶告诉她，夫妻之间的争吵是不可避免的，但是谁打赢了结婚后的第一场"战争"，谁从此就是家庭的主宰，以后另一方就会言听计从。小西对此深表怀疑，觉得只是一种说法而已，两个人好好的吵什么架呢？

在婚姻中，总也不吵架的夫妻的确很少。小西也不例外，蜜月刚过，小西和老公的战争就来了：谁做饭洗碗，吵；谁拖地叠被子，吵；下班回家晚了，吵；和朋友喝醉酒了，吵……只是两人都“斗志昂扬”，从来没分出胜负。小西想起那个说法，是不是自己一开始没赢了他，才让自己在后面的战争中总是没法获胜？

可是现在已经这样了，索性就继续下去，于是，双方谁也不服输。渐渐地，俩人在一次次的争吵中都疲惫了、倦怠了，双方陷入了“冷战”的僵局，两个人一连几天都不会说话。好不容易结束一场冷战，新的冷战又开始了，在这里你看不到硝烟弥漫，婚姻也因此变得摇摇欲坠，到了最后，两个人索性连冷战都懒得战了，有的只是彼此对视时那种冰冷的眼神。

在现实生活中，夫妻吵架很正常。只要是世俗的人，就不可能不吵架，就是非常恩爱的夫妻，争吵也在所难免。但是，如果争吵成为一种习惯，那么这场战争一定会旷日持久，最终会毁掉婚姻，到了最后，不是不战，而是冷漠了。如果在平常的生活中，双方总表现出冷淡、轻视，就说明感情出现了问题。这些问题可能过一段时间就会好，也可能让双方陷入最终离婚的境地。

两个人几天不说一句话，虽身处一室，却视对方如空气一般，这就是夫妻间冷漠的表现。冷战和冷漠不同，冷战虽然对双方是一种折磨，各自也深知对方会为冷战而难受，但这也是冷战的意义所在；冷漠是双方表现出一种对峙的状态，是眼里心里有对方却静观其变，在这种对峙中可能和解，也可能让婚姻土崩瓦解。前者开始和平、安定的幸福生活，后者则慢慢把夫妻变成了冷漠的两个人，于是开始对对方熟视无睹。这样的战争到最后的结局是都能预料的。当家庭中充斥着“冷暴力”时，夫妻双方应当敞开心扉，从思想感情等方面入手交流，让彼此沟通，让彼此的不满得到宣泄，以此来达到婚姻质量提高的目的。

许多婚姻的破裂无不是经历争吵、冷战到冷漠的过程。当冷漠来了，婚姻就走进了坟墓。冷漠就好像一把双刃刀，在一面冲向对方的同时，别忘了刀的另一刃正对着自己。何不通过沟通来化解这层坚冰，有时候一个关切的问候、一个微笑、一次耐心的倾听、一个拥吻、一份小小的礼物都可能化腐朽为神奇。

婚姻之中，没有那么多公平可言

我们都希望自己种下的种子能丰收，获得更多的果实。然而，在婚姻的道路上充满着各种各样的不公平。有人抱怨为什么洗衣做饭的烦琐家务总是归自己；有人生气为什么在情人节的时候收不到玫瑰花和巧克力；有人觉得自己总是受到老公的冷落；有人抱怨回家之后连个说话的人都没有……尽管如此，你和爱人还是要同步地生活。要想让你和老公不错过人生沿途的风景，一路走到你们的目的地，就必须适应各种各样你所谓的不公平，也许他忘记准备你生日的礼物，也许他忙过了头忘记回你的电话，但至少他还是在为这个家而奔忙，至少你还应该相信你们之间还是有温情存在。在爱里接纳不公平吧！就当这一切都是甜蜜的错误，当你们携手走到人生的尽头，就会发现，原来你们一直朝朝暮暮，对家的付出有多有少，却依然手牵着手走过那些最难忘的光景。

一段完整的婚姻差不多占据了整个生命的大半部分，但真正能够“执子之手，与子偕老”的恐怕不多。幸福、甜蜜、激情这些固然是爱情生活中需要的，但衣食住行的琐碎、时而发生的争吵和一成不变的无趣才是生活的主心骨。而最难以让人接纳的恐怕是“不公平”。然而，爱情的不公平其实就是婚姻里的一些小插曲，把它看淡，毕竟恋爱时你如公主般的优待已经不再出现，回归婚姻，你需要为丈夫和孩子无条件地付出，因为这才是爱。童话般的恋情只是一些文学作品中人们美好的期许，现实才是我们真正需要面对的，如果不能接受家庭中的一些不公平，那么，爱情很可能会变成死灰。

晴子时常对朋友抱怨老公的不是。譬如，她明明很用心地为老公做红烧肉，他却说不好吃，还不如萝卜白菜更有味道；晴子想跟他说说话，释放一下工作上的压力，他却嫌烦，觉得她没有度量，结果给自己惹一身的不痛快；情人节晴子想让老公为她准备玫瑰花和巧克力，他却说，买什么买，又费钱又没用……这样的“不公平”，别说接受，晴子甚至觉得忍无可忍了！

“我长得漂亮，他一副歪瓜裂枣的长相，对这个家我付出的也比他多，凭什么他现在对我爱搭不理，还说我是黄脸婆？恋爱的时候可不是现在这样！”晴子总是觉得爱人对自己的关注越来越少，并且总以她心目中最理想的条件做衡量，觉得自己牺牲了那么多爱人却没有“感恩戴德”，更令人气愤的是，老公有时甚至无动于衷，这对她来说好像太不公平了！于是，晴子变成了生活在回忆中的怨妇。她动不动就拿现在跟过去比，拿婚姻跟热恋时比。那时候，她无论什么节日都能收到玫瑰花，享受同事和朋友羡慕的目光；有点头疼脑热，爱人就着急地带她去医院，对她照顾得无微不至；每个月一起去游玩，带晴子吃她最爱吃的东西……那时候，爱情至高无上，无论多么蛮横不讲理，爱人对晴子都是俯首帖耳，像伺候女王一样。而当感情稳定下来，尤其是结婚以后，尽管晴子还是那么漂亮，但是，他对她真的是“毫不在意”了。骄傲的女王从高高在上变成低低在下，这种变化让晴子寝食难安，快乐指数迅速下滑。

其实，生活里的“不公平”事件比这多得多，但毫无例外的是，当我们遭遇这些境遇的时候，我们的第一反应肯定是生气，继而大发雷霆，随后兵刃相见，直到某一方战胜对方才罢休。夫妻之间难道真要争出个高低才肯罢休吗？那是因为，我们在爱着的时候就会视对方如生命一般，所以，爱意浓浓；而矛盾时，则把对方看成了敌人，那一刻，所有积累的爱就会在瞬间烟消云散。

有些女子之所以能够博得众人的喜爱，那是因为她的优雅乐观，这样的人必定是乐于去爱和奉献的人。两者看似不相干，实则联系密切。一个斤斤计较的女子，怎么能得到男人的爱慕？偏激的语言，不理智的行为，脑袋里整天转悠的都是“为什么他不能再对我好一点”的女子，很难有时间去增长自己的智慧和魅力，让自己时刻散发诱人的魔力，就更别说让男人为自己甘心情愿付出他们的感情了。

如果你不希望自己的婚姻生活里充满矛盾和困惑，首先，第一件事就是重新审视何为“公平”、何为“不公平”。想要客观，就必须先将个人偏见放到一边，多站在对方角度想一想。“每次我都记得他的生日，所以我对他比他对我好。”听起来这话无可厚非，但我们忽略了：生活中，我们不要因为某一件小事，来给对方下一个规律性的结论，这是错误的。当你抱怨他不愿意跟你多说话时，却没有想想自己每天都为同一件事反复纠缠，絮絮叨叨；当你觉得他不再时常赞美你，你却忘记了在你生病时，是谁陪在你的身边；当你责怪他不帮你分担家务时，你却忘记了是谁让你们的存款数字变得越来越多，他的打拼是有多么不易。

有时候我们只把注意力集中在自己身上，却看不到对方的付出，你愈发吝惜自己的牺牲，就越觉得你在家庭中得不到任何回馈。久而久之，你变得自私自利，想得到更多却得到的越少，最后只剩下抱怨伴你左右。想改变这种每况愈下的状态，我们不妨偶尔拿起笔，每天做一些简单的记录，仔细记住他的优点以及他为家庭所做的每一件小事。你会惊诧地发现，这张纸很快就会被写得满满的，他其实为这个家和你做了很多事情，那些事情只是因为你习以为常而被忽视掉了。

生活是现实的。当我们在爱里学会接纳不公平和不完美，我们才有得到幸福的可能。当我们觉得别人不完美，往往可能是因为自己做得更不好。女人好到极致，男人坏到无法弥补，这怎么可能？每个人都有自己的生活空间，你爱上他的优点的同时也要接受他所有的缺点。当遇到感情问题时，你要先考虑“我怎么了”，而不是“他怎么了”。唯有自省才能控制厌倦与挑剔，让自己成为一个积极乐观的人。

尽管爱里有这样那样的不公平，但只要怀着一颗包容宽大的心，就一定可以找到彼此的默契，从而拥有更美好的婚姻生活。那么，这时你一定会问，究竟我能为他做些什么？究竟怎样才能更好地保护好属于我们的爱情，拥有幸福的婚姻？下面就列出几件你在心理不平衡时必须做的事情，只要你能做到以下三点，相信过不了多长时间你就会发现自己的改变。

1.尊重

你的小任性可以在关起门的时候耍耍，因为这也是增进感情的一种手段；但出门后，在大庭广众之下，你一定要给足老公面子，对他的不满千万不要在外人面前提起。

2.沟通

同步成长非常重要。曾经看过一篇杂文，其中的观点个人非常赞同，婚姻不是亲情，不是恋情，而是一种过命的交情。

3.保持自我

保留自己的特质，不要在婚姻中散去原本属于自己的味道。拥有个人的交际圈，永远对自己的未来有规划。